2021年贵州省高等学校教学内容和课程体系改革项目

建设研究：理念、设计与实践"研究成果（项目编号：2021186）

贵州省大中小学思政课一体化"手拉手"备课中心研究成果

工匠精神的当代传承与发展研究

王天桥◎著

吉林出版集团股份有限公司

全国百佳图书出版单位

图书在版编目（CIP）数据

工匠精神的当代传承与发展研究 / 王天桥著 . -- 长
春 : 吉林出版集团股份有限公司 , 2023.3
　　ISBN 978-7-5731-3107-2

　　Ⅰ . ①工… Ⅱ . ①王… Ⅲ . ①职业道德—研究—中国
Ⅳ . ① B822.9

中国国家版本馆 CIP 数据核字 (2023) 第 048957 号

工匠精神的当代传承与发展研究

GONGJIANG JINGSHEN DE DANGDAI CHUANCHENG YU FAZHAN YANJIU

著　　者	王天桥	
责任编辑	王　宇	
封面设计	李　伟	
开　　本	710mm × 1000mm	1/16
字　　数	234 千	
印　　张	14	
版　　次	2023 年 3 月第 1 版	
印　　次	2023 年 3 月第 1 次印刷	
印　　刷	天津和萱印刷有限公司	

出　　版	吉林出版集团股份有限公司
发　　行	吉林出版集团股份有限公司
地　　址	吉林省长春市福祉大路 5788 号
邮　　编	130000
电　　话	0431-81629968
邮　　箱	11915286@qq.com
书　　号	ISBN 978-7-5731-3107-2
定　　价	89.00 元

作者简介

王天桥　男，生于 1979 年 8 月，贵州省安龙县人，南京大学哲学系中国哲学专业在读博士，贵州师范学院马克思主义学院副教授，黔南民族师范学院教育硕士（学科思政）外聘硕士生导师，贵州省高校思想政治理论课教学名师。2002 年任教至今，从事伦理学、思想政治教育学原理、心理健康与心理辅导教学工作，主持省级、地厅级课题 10 余项，公开发表论文 30 余篇。

前 言

中国在过去的几千年里创造出了辉煌的文明，这与先贤们的聪明才智分不开。在几千年的繁衍生息中，工匠精神的传承一直未曾被割断。究其根本，工匠精神是能够体现一个人职业道德、职业能力与职业品质的职业精神，其也体现着从业者的职业价值取向与行为表现。现今，工匠精神的弘扬与践行必须建立在掌握其内涵的基础上，对于工匠精神的当代价值进行评估，寻找培育工匠精神的多样化途径。如今的传统"工匠"似乎已经不存在于我们的生活中，但实际上，实现中华民族伟大复兴的中国梦不仅要有专于理论的科学家，还需要在基层进行实践工作的"匠人"。当传统的工匠精神发展为优秀的职业道德文化，这不仅能够满足时代发展的需要，也能够为当今社会的发展提供重要的时代价值，具有深刻的时代意义。

中国被称为"世界工厂""制造业大国"，但也有一些"中国制造"成了质次价廉的代名词。中国迫切需要提升产品品质、创立自主品牌，"工匠精神"正是中国极度缺乏、极度需要的。纵观中国科技发展史，我们不但拥有《考工记》《天工开物》这般科技著作，也出过鲁班、庖丁这样的匠人，还有过青花秘色瓷、叠梁拱之类伟大的技术。

本书第一章为工匠精神，分别介绍了工匠精神的基本概述、多维视角下工匠精神的解读、工匠精神的历史意义和时代价值三个方面的内容；第二章为工匠精神的内涵，主要介绍了四个方面的内容，依次是工匠精神之敬业、工匠精神之专注、工匠精神之精准、工匠精神之创新；第三章为工匠精神与新青年培育，分别介绍了三个方面的内容，依次是新青年工匠精神的培育与形成、新青年工匠精神培育的路径分析、工匠精神与高校思想政治教育的融合；第四章为工匠精神与中国制造，依次介绍了工匠精神与制造企业概述、制造企业员工工匠精神的培育与形成、制造企业员工工匠精神的培育路径分析三个方面的内容；第五章为工匠精神与"互联网+"，主要介绍了三个方面的内容，分别是工匠精神与智能制造、"互联网+"时代需要工匠精神、"互联网+"时代下工匠精神的培育。

在撰写本书的过程中，作者得到了许多专家学者的帮助和指导，参考了大量的学术文献，在此表示真诚的感谢！限于作者水平有不足，加之时间仓促，本书难免存在一些疏漏之处，在此，恳请同行专家和读者朋友批评指正！

作者

2022 年 5 月

目　录

第一章　工匠精神

本章主要介绍工匠精神，从三个方面进行了阐述，分别是工匠精神基本概述、多维视角下工匠精神的解读、工匠精神的历史意义和时代价值，以此来了解工匠精神的基本情况。

第一节　工匠精神基本概述

一、工匠精神的起源

古代的手艺人就是我们现在所称的"工匠"，我国现存许多类型的工匠，有瓦匠、木匠、钟表匠等，这些匠人都凭借自身熟练的技能在社会中立足。为世人所熟知的鲁班就是非常典型的工匠。随着社会发展，生产力也在不断提高，第一次工业革命轰轰烈烈地开始了，在这一时期，出现了社会化的大生产形式，大大地解放了劳动力，工匠的内涵也在这次工业革命中发生了巨大的变化，在这之后，只要是在生产与服务线上进行实际操作，或者使用自身技能对他人提供服务，就都能够被称为工匠。"工匠精神"在手艺人中非常流行，这是工匠们在劳动过程中形成的价值取向与不懈的追求。

（一）工匠精神的原始萌芽

1. 原始神话中的工匠伦理萌芽

回望历史，正是祖先们的劳动生产造就了灿烂的华夏文明。

在对中国古代工匠进行理论研究时，由于原始社会中并不存在文字记载，因此，神话传说就成了最主要的研究资料。波普尔曾提出："一切（或者几乎一切）

科学理论都发端于神话。"① 因此我国使用神话传说对中国古代工匠理论思想萌芽进行研究是具有可行性的。

在神话传说中，我们能够看到当时的人们对为社会做出贡献的人的崇拜与敬佩。当时，社会生产力受到人们的思想制约，发展程度不高，常常会受到野兽侵袭。为了改变这种状态，人们开始思考怎样制造出能够满足现阶段生产生活所需要的工具，以便能够在与自然环境的抗争中存活下来。在这种情形下，那些发明技术的人就被当时的民众视作英雄。这些事例在中外神话中都有体现。如有巢氏发明的巢居帮助人们不再居无定所，皇帝发明的井在很大程度上减少了水源对人们的限制，燧人氏发明的火让人们在冬天不再寒冷……这些神话传说都有一个共同的特点，那就是人们都对这些神灵或英雄有着十足的尊重与崇拜，体现了那时的人们对生产生活技术的向往，我们将其看作是中国古代工匠道德理想人格的萌芽之一。

在这些神话传说中，我们都能够看到对发明技术的人的感激与赞美之情。在原始社会，人们只有团结协作，才能够在恶劣的自然环境中战胜野兽，获得食物，得以生存。因此，团结协作的美好品质在那时就已经形成了，并且深深植入中华民族的血脉中，传承至今。大禹为了集中精力治理水患，十三年未在家中居住，曾"三过家门而不入"，这也正体现了工匠精神中"敬业""团结攻关"的美好品质。曾经，由于人们的思想发展程度不高，一些简单的工具也需要在许多人的协作中才能被发明出来。因此我们可以看出，人们对团结协作、共同攻关的品质进行赞赏，这也是中国古代工匠道德理想人格的萌芽之一。

2. 原始宗教崇拜中的工匠伦理萌芽

相关人员在进行研究的过程中发现，不仅在原始神化传说中能够发现中国古代工匠理论的萌芽，在原始的宗教崇拜中，我们也可以发现中国古代工匠理论萌芽的影子。原始崇拜中包含自然崇拜与图腾崇拜，它们是在灵魂观念与万物有灵观念中产生的。自然崇拜顾名思义，就是指古时人们对大自然的敬畏之情，古时的人们认为，包含日、月、山、河以及一切动植物在内的自然事物都会对他们的生产生活产生重要影响，因此，他们对自然有一种天生的敬畏。而图腾崇拜则是指一个氏族为自己寻找了一个保护神或祖先，将其作为自己氏族或部落的崇拜对

---

① ［英］波普尔著，傅季重等译. 猜想与反驳［M］. 上海：上海译文出版社，1986.

象。这种保护神或祖先就是以自然物或符号的形式出现的，是结合了自然崇拜与祖先崇拜，在发展过程中产生的一种新型的崇拜形式。

考古发现，古时，人们拥有固定的举行宗教仪式的场所，一些在那时被用来祭祀的器物在宗教活动遗址中被出土。在古时的宗教信仰中，就已经产生了"禁忌"——一种现今已知的、人类最早建立的行为规范。生活在原始社会中的先民由于自身发展程度不高，产生自然崇拜的同时也形成了一些不言自明的禁忌行为，如纳西族禁止打虎，这在古时纳西族的思想中会为他们带来灾难。除了对自然中的行为有禁忌，他们对生产工具也有一些禁忌行为。先民非常珍惜弓箭与耒耜，在他们的思想中，这些器物都是有灵性的。人们对自然与工具的禁忌行为也很好地体现了他们当时的敬畏意识，这种意识有利于进一步引导工匠尊敬造物工具、遵守造物规则，是工匠理论中人与自然关系的敬畏之情的萌芽。

在原始社会，生产力水平不高，人们也还没有建立政策、法律、道德规范的意识，但因为原始崇拜而产生的某些禁忌在某种程度上来说也是一种对人们行为的规范，这种规范能够使人们增强对自然的敬畏意识，加快了工匠伦理中"工依于法"造物思想出现的进程。并且，礼乐文化制度是在原始宗教信仰下形成的，这就导致了器物使用者为了体现身份等级发展造物思想，加快了工匠伦理中"藏礼于器"造物思想出现的进程。

对于工匠精神起着启发性作用的礼乐文化在宗教信仰的发展过程中被生产出来。在礼乐文化刚刚形成的时期，原始宗教祭祀就已经作为"礼"的萌芽被作为重要内容存了。原始社会中的"礼"都是由原始崇拜发展而来的，因为自然崇拜，人们祭天地，祭山川河流，因为祖先崇拜，开始流行祭祖之礼。时代在不断发展，人们也进入了文明社会，在当时，宗教崇拜不论是与政治制度还是与经济制度，联系得都非常紧密，宗教仪式也开始成为国家高度的政治活动。在封建社会，统治者拥有无上的权力，平民百姓不再拥有祭祀权，转而开始将宗教祭祀活动统一交给巫师进行，普通民众不再拥有对天神的祭祀资格。随着社会经济前进的步伐不断加快，原始宗教信仰与宗法等级制度也开始变得密不可分。西周时期，宗法等级制度达到全盛，礼法制度被全面建立起来，礼乐制度也在不断完善。

西周时期的礼法制度非常严格，其规定了不同阶层与拥有不同宗法血缘关系的人应该居住在什么样的房屋中，以及不同阶层的人应该穿什么样的衣服。在这项制度中，等级划分较为严格，人们必须按照自己的等级做相应的事情，不得逾矩。在这一时期，祭祀礼仪已经成为统治者统治国家的附庸。礼法制度的出现依赖于礼器的制造完成，而在这一时期器物的制作必须要以等级制度为标准，所有人使用的器物都必须符合礼法的规范。不可否认的一点是，在工匠伦理的产生过程中，礼乐文化起到了非常重要的作用，而礼乐文化又是在原始宗教信仰下形成的，因此我们可以说，工匠伦理的萌芽蕴含在原始宗教信仰中。

（二）工匠精神的社会条件

工匠伦理是道德规范、道德意识与道德品质的总和，它要求工匠群体在制造器物时必须树立起这些伦理观念，并在器物的制造过程中对自己的行为进行相应的约束。手工业随着社会经济进一步发展，在新的发展时期，工匠群体开始出现，为了满足社会关系与人际关系的需要，器物的制造必须引进大量的工匠，制作器物的技术也需要不断规范，工匠伦理正是在这样的需求之下被发展出来的。

1. 手工业的发展与工匠群体的形成

在我国，手工业的形成时间是在原始社会时期，原始手工业产生于旧石器时代，在《中国历代考公典》中，对手工业的记载是这样的："制器"之事"盖有人事则有之""大禹始作祭器，及食用之器咸备"[①]。随着社会不断向前发展，我国从旧石器时代进入了新石器时代，我们可以明显地发现这个时期手工业制造品不仅数量较旧石器时代增多不少，制造工艺也比那时更加精良，时代的进步使当时人们制造器物的水平也不断上升。我国考古学家在文化遗址中挖掘出了属于那个时代的石刀、石制纺轮、陶鼎等器物。从挖掘出来的这些器物的数量与工艺上看，我们可以推断，从事手工制造的工匠或许已经出现了。但制造器物的工匠的出现，并不能证明在当时已经出现了工匠伦理，工匠伦理是在经济社会的发展中逐渐产生的。在中国古代工匠伦理形成的过程中，春秋战国时期对其形成了较为重要的影响，在这一时期，手工业的发展规模不断扩大，因此，分工也越加详细，工匠的数量也在不断提升。

《尚书》中记载道："工，匠也。凡执艺事成器物以利用者，皆谓之工。"[②] 作为手工业劳动者，"工"就是掌握着制造技艺的人的总称，而"匠"则在《说文

---

① 何庆生整理. 中国历代考工典第一册卷1考工总部·江考一［M］. 南京：江苏古籍出版社，2003.
② 辞海编辑委员会. 辞海［M］. 上海：中华书局，1965.

解字·匚部》中被这样记录："匠，木工也。"[①]因此，我们可以知道，在手工业刚开始发展的时候，"匠"只是用来称呼木工的，但随着手工业产品与种类的不断丰富，工匠的分工更加详细，"匠"也在这样的发展进程中扩大了自己的内涵。直至春秋战国时，掌管器物制造的手工业者、建造宫殿城邑与修建沟渠的建设者都能够被称为"匠"。

工匠的起源较早，可以追溯到原始社会。当时，工匠只是原始社会氏族中的工人，后来随着朝代更迭，制定了不同的手工业管理制度，但当时，中国还无法使用机器进行生产，器物制作还是要依靠匠人手工来进行，因此，这也大大提升了工匠的社会地位。在那时，有着"氏族工匠"的说法，顾名思义，就是在夏朝还未建立起来时，氏族中的匠人可以通过世袭来获得身份，知名的氏族工匠有陶工陶氏、绳工索氏等。在国家逐步开始产生的过程中，社会生产需求不断扩大，因此，官营手工业开始兴起，这也导致了氏族工匠的解体，而氏族中的工匠有一部分成了官府工匠，另一部分则成为民间工匠。在封建社会，国家职能不断加强与完善，对工匠的户籍管理制度也开始出现，称为"匠籍"，建立匠籍制度的目的是为了加强统治者对工匠群体的管理，即"工在籍谓之匠"。匠籍制度实现了官府对工匠的统一管理，在监督工匠制作过程与器物质量方面有着非常卓越的贡献。

封建时期，手工业不断发展，使得工匠数量上涨速度较快，统治者在这个时期都在实行"以农为本，工商为末""重农抑商"等政策，限制手工业的发展速度，建立了一套针对工匠的监督管理制度，对工匠的制造工艺与器物质量进行严格把关。从客观层面上来说，工匠伦理在这些较为规范的管理理念与管理制度下能够更快地发展，但是，这些管理制度对工匠群体产生了非常严重的制约，也大大降低了他们在社会中的地位。纵观中国古代历史，我们可以发现，工匠的社会地位一直处于较低状态，位于社会底层。在这些工匠中，有许多曾经的刑徒与奴婢，他们除了待遇不高，有时还要忍受各种非人的折磨。

唐宋时期，虽然工匠的社会地位逐渐提高，但整个社会依然是以农业生产为主，手工业的发展极为缓慢，这就导致工匠的社会地位无法与农业生产者的地位相比拟。但在这种情况下，工匠伦理仍然在工匠群体中不断孕育，工匠群体的存

[①] 邓散木. 《说文解字》部首校释［M］. 上海：上海书店，1984.

在为工匠伦理的产生提供了重要的社会条件。

2. 社会稳定与人际关系和谐的需要

在古时从国家产生以来，手工业生产就被纳入了国家生产部门，由官府进行统一管理。官府手工业作坊在制造器物时，首先考虑的是制作的器物能否满足皇室贵族与军用部门的需要，至于百姓的生活需要，是被放在最后一位的。社会经济的发展使得生产力也在不断向前发展，商代时，由于人们的生活需求逐渐扩大，手工制造业开始在人们的生活中发挥越来越重要的作用。青铜器的制造技术就是在商代达到了顶峰。春秋战国时期的手工业发展迅速，手工业制造部门的数量不断增长，器物制造的分工进一步细化，手工匠人的制作工艺也在不断精进。尽管在这个时期，工匠仍旧没有非常高的社会地位，但是得益于手工业的迅速发展，日益壮大的工匠群体终于引起了统治者的重视。

器物在人们的日常生产生活中都发挥着极为重要的作用，因此，古时我国统治者当时就对器物的质量做出了严格的要求。春秋战国时期，战争频发，国家对军用器械的需求量非常大。如果用来制作兵器的材料较为劣质，那么就会导致士兵在作战过程中无法发挥最大的战斗优势，造成人力、物力、财力的损失，甚至会兵败失城。进一步讲，如果军用器械由于质量不达标而损毁在运输途中，那么就会导致作战物资短缺，使对方兵不血刃。因此，在制作军用器械时，就必须对制作器物所用的原材料进行严格把关。在人民群众的日常生活中，器物的质量也非常重要。如果工匠使用劣质原材料为民众制作日常所需器物，那么就会在一定程度上破坏人们的人际关系，甚至危及消费者的生命，这更是对统治者管理百姓提出了严峻的挑战。因此，统治者为继续巩固自己的统治地位，保障国家利益，对器物的质量做出严格要求，并为工匠制作器物制订了严格的道德规范——"功致为上"，一些"奇技淫巧"的器物在这个时期也被勒令禁止。

手工业在秦汉时期产生了一些变化，即官营手工业与民间私营手工业都开始走向市场，重视市场需求。因此，我们可以看出这个时期器物具有的非常明显的商品化特征。自此之后，手工业的发展开始变得快起来。匠人们凭借着精湛的技艺为富人与贵族制造出大量的奢侈品，获得了非常可观的收入，久而久之，就会使农业生产者萌生"弃农从商"的心理。由于我国一直以来都非常重视农业的发展，农业文明也走在世界前列，在当时，农业生产承担了国家大部分的赋税，如果人人都看到了手工业的好处、尝到了手工业的甜头，那么就会导致没有人再愿意进行农业生产，从而动摇国之根本，破坏国家统治。正是由于这个原因，我国古代的统治者与思想家才会一直对手工业与工商业持压制态度，重农抑商，使工匠的地位一直无法得到提升。

我国古代都实行中央集权制，将权力集中在统治者手中，但统治者的政务较为枯燥，可以想象，如果这时在他的视线范围内出现了"奇技淫巧"的器物，那势必会将统治者的注意力大大吸引过去，分散处理政务的精力，更有甚者，还会因为手工匠人制作出了称心的器物大加赏赐，这也会导致手工业的利润颇丰，威胁国之根本。因此，统治者为了避免这种事情的发生，不断巩固自己的统治地位，维护国家长治久安，他们往往就会对工匠群体以及手工业严加限制，制定较为苛刻的规范，而这些规范正加速了工匠伦理的产生。

（三）工匠精神的形成标志

在先秦时期，出现了"百工"一词，泛指手工业的工人，之所以使用"百工"对手工业工人进行较为笼统的称呼，就是因为在那个时期手工业的发展较为迅速，生产规模的不断扩大导致手工业内的分工也更加详细，工种也在不断扩充。在手工业的发展过程中，文字开始出现，工匠伦理也开始使用文字被记录下来。西周时期，统治者大肆推行周礼，春秋战国时期，百家争鸣，在这种背景下，关于工匠伦理的规范以"礼"的形式被确定下来，在《周礼》《礼记》《庄子》《吕氏春秋》中均有详细记载。

1. 工匠精神的初步形成

在这些著作中，规范了器物制造不同主体的职责，不仅对工匠的造物过程有着明确规定，对工师的行为也提出了严格的要求。下面，我们就从这两个方面进行详细的阐释。

第一，规范工匠造物过程。这是指工匠在制造器物时必须要遵守基本道德规范，即"功致为上、毋作淫巧、尊师重道、道寓于技，进乎技"。"功致为上"就是指工匠要对所制造的器物进行质量上的严格把关，在选取原材料、计划制造规格与工艺、检测成品质量与保存成品方面，这些著作中都做了较为详细的规定。"毋作淫巧"是指工匠不能够为了利润可观而做出过度精巧的器物，对于器物是否优良，是指质量与工艺是否精湛。这些著作中还提到，工匠在制造器物时必须要严格遵守宗法等级制度，不能出现逾矩行为。"尊师重道"是指在古代，中国的手工艺技术讲究"师徒传承"，作为一名合格的工匠，就必须将尊师重道放在重要位置。"道寓于技，进乎技"是指工匠要在制造器物的过程中不断提升自己的技术技能，使自己能够精通"技术"中的"道"，使自己制造出的器物更加精湛，实现制造器物境界的升华。

第二，规范工师行为。工师是掌管工匠们的首领，其主要有三项任务，第一是监督工匠们对器物制造进行准备工作，使他们的造作流程合乎规范，第二是对已经制造完成的器物质量进行检测，第三是对新工匠进行入行后的培养工作。我们可以看出，工师在器物制造的过程中始终发挥着非常重要的作用。

工匠伦理规范被详细地记录在上述几本著作中。其中有两个方面记录得极为细致。第一是严谨地记录了每个工种、每个工匠的造物规范。在这些造物规范中，我们可以发现工匠们在那时已经对各种器物及其零部件规定了统一的名称，而且将度量衡（尺、寸、镬、镯、升等）广泛地应用在造物规范中。第二是严格规定了各种器物的质量检验标准。我们通过考古可以发现，先人在对自己制作的器物进行质量检验时，会不断观察所制作器物的使用情况，因此可以推断，那时的器物质量检验是具有一定科学性的。

2.儒、墨、道等的工匠思想

春秋战国时期在我国历史上是一个非常混乱的历史时期，那时战争频发，群雄争霸，但这也使这一时期的政治、经济与文化加快了融合的步伐，"百家争鸣"的思想局面开始出现，儒、墨、道等各家思想激烈交锋，在各个思想流派中，对工匠群体的伦理探讨不在少数，工匠伦理思想也在这时悄悄萌芽了。

儒家的伦理规范体系是以"仁、义、礼、智、信"为核心，"藏礼于器"的工匠伦理思想就是儒家思想的完美体现。在那时，工匠制作出的器物不仅需要满足人们的日常生活，也要能够对人们进行道德教化，还要满足人们的祭祀需求。社会不断向前发展，原先的祭祀文化已经不能够满足统治者的统治需求，因此，催生出了礼乐文化。在西周，工匠们需要专门制作出一批用于礼乐活动的器物，来满足皇家的日常祭祀需求。由于制作这些礼器的目的就是为了进行祭祀活动，因此，这些礼器就必须严格按照宗法等级制度与伦理等级秩序的要求生产。专门用于祭祀的器物——礼器的产生，标志着伦理思想开始有了物质载体，工匠们将当时的伦理思想都表现在了器物的制作中。在《礼记·曲礼下》中，我们可以看出当时儒家极力主张工匠在制造器物时，应首先制作用于祭祀的礼器，然后再制造满足人们日常生活所需的普通器物，要将器物的道德教化功能放在首位，而器物的使用功能次之："君子将营宫室，宗庙为先，厩库为次，居室为后。凡家造，祭器为先，牺赋为次，养器为后。"[①] 除此之外，儒家还提出，为了更好地发挥器物的道德教化作用，必须要在器物的制造过程中添加一些礼乐因素。我们可以从《周礼》的记载中看出，广义的伦理规范体系是封建等级秩序的化身，这种等级一方面渗透在国家制度中，通过封地、爵位的高低来体现；另一方面又贯穿在各种具体的礼节仪式中，贯彻于各个礼仪场合，通过服饰、车旗等礼数来体现。[②] 为了在使用者使用的器物上体现使用者的身份等级，官营手工业作坊就以器物的尺寸作为区分的标准，使用"九、七、五、三"的数字来规定器物的制造规格。如为天子制作的"镇圭"长一尺二寸，为公制作的"桓圭"长九寸，为侯制作的"信圭"长七寸等。除了器物的制作规格要体现等级秩序外，器物的材质与装饰也必须严格符合器物制造的身份等级要求。

墨家与儒家在工匠伦理规范中都提出要"以道驭术"，简单来说，就是工匠在使用技术制作器物时，必须要在伦理道德规范允许的框架内进行，这就意味着工匠在制造器物时，不仅要充分考虑器物是否能够实际为人们带来便利、是否能够产生一定的经济效益，还要使自己的技术符合伦理规范，如果背离了这些原则，就会使人们的生活秩序发生改变。但两者的"以道驭术"也有一些细微的差异。儒家的"以道驭术"是为了维护国家的长治久安、满足民众的基本生活需要，所以较为重视如一些农桑、水利与建筑等方面的工程技术所能够产生的宏观效果。而以小生产者为代表的墨家在主张"以道驭术"时，则较为重视技术能够带来的微观效果，其希望对工匠的造物行为使用道德规范加以约束，将伦理规范通过工匠的造物行为体现出来。

道家在工匠伦理思想中体现出了"道寓于技，进乎技"的主张，其伦理规范体系是以"道"为核心的。我们都知道，道家主张"道法自然"，因此，我们能够推断出，道家将"道"看作是宇宙万物生成、变化以及发展的根源。道家认为，工匠在制造器物的过程中不能忤逆自然，工匠的制造技术不能与自然界中的事物

---

① 俞仁良译注. 《礼记》通译［M］. 上海：上海辞书出版社，2010.
② 罗国杰. 中国伦理思想史［M］. 北京：人民大学出版社，2008.

相冲突。在道家的思想中，工匠在制造器物时必须符合"道"的标准，"道"能够指导工匠的器物制造活动。工匠为了实现自身造物水平的提高，就必须在制作的过程中探索"技术"中的"道"，逐渐实现制造器物境界的升华。

古代的工匠伦理思想不仅蕴含在儒、墨、道三家之中，在法家与阴阳家的思想中，我们也能够发现一些工匠伦理思想。法家的工匠伦理思想是"工依于法"，这是由于法家主张严刑峻法，认为只有建立了较为严格的法度，才能够将君王的权威树立起来，更好地巩固封建统治。《商君书》中有言："先王县权衡，立尺寸，而至今法之，其分明也。"[①] 法家对法度的重视程度不言自明，法家认为，如果不为工匠建立起造物规范，让他们随心所欲地制作器物，就无法保证器物的质量。

二、工匠精神的发展历程

中国工匠精神的发展离不开传统手工业，在我国工匠群体产生的过程中，传统手工业发挥了非常重要的作用，工匠精神也在传统手工业的发展过程中逐渐形成，成为了民族文化与精神中的一颗璀璨的星。在中华文明史上，我们不仅可以看到传统手工业发展的脉络，更能够发现中国工匠精神的形成过程。

我国工匠精神的形成经历了非常漫长的发展，我们可以将其分为以下四个主要阶段，分别是萌芽产生阶段、发展成熟阶段、遮蔽衰退阶段与去蔽重构阶段。每个阶段都有其不同的特征，第一阶段在发展时是简约质朴、纯粹朴实的，第二阶段重视尊师重教、德艺兼修，第三阶段开始走向迷茫，面临着被边缘化的困境，而第四阶段则以开放包容的心态对工匠精神进行了继续的发展。我们了解中国工匠精神的发展史，不仅是为了进一步厘清中国工匠精神产生与发展的脉络，更是为了将中国传统工匠精神进行更好的现代转换。

（一）工匠精神萌芽阶段

旧石器时期至夏商时期，中国传统工匠精神开始萌芽。在这个阶段，人们的生产力大大提高，思维能力也不断增强，可以使用自身的能力对环境进行改造了，语言与工具也在这个阶段开始出现。正如斯塔夫里阿诺斯所说："当人类运用其超凡的大脑去改变其所处的环境以适应其基因，而不是像过去那样任由环境改变生

---

① 商鞅. 商君书 [M]. 石磊, 译注. 北京: 中华书局, 2012.

物的基因的时候，他就已经远远超出地球上的其他物种了。"① 当人们开始制作与使用工具时，工匠精神就已经开始产生了，在这一阶段，工匠精神呈现出简约质朴、纯粹朴实的特点。

目前，普遍的观点认为，如何将人与动物区别开来，最根本就在于人们会使用语言、制作工具、使用火种。在旧石器时期，人们为了果腹，大部分时间都用来采集食物。我国的人类学家在研究那时的食物采集部落时发现，肉食的采集通常是由男人来完成的，女人则负责采集除肉类以外的可供食用的食物。古人在狩猎的过程中发现，如果赤手空拳与野兽进行搏斗，会在很大程度上降低狩猎的效率，因此，人们为了解决这一问题，开始研究如何制造工具。"石刀技术"就是在那时被发明出来的，这种技术是指将石头使用打制法磨成薄片，制成"石刀"，再用石刀制作一系列日常生活所需的工具。例如，长矛、锥子、骨针、投石器与纽扣等。虽然在那时，生产力的发展程度仍然较低，制作出来的工具都非常粗糙，但这些工具已经足够当时的人们在那种艰苦的环境下生存了。

自从人们进入新石器时代，人口压力逐渐增加，人们采集的食物已经不能满足生存需求，这种情况迫使人们不得不从采集食物向生产食物转变。新石器时期，人们已经开始使用较为先进的工具种植植物、蓄养动物。人们在打制法的基础上发明了磨制法，使用这种方法制作出来的石器从外形上来看更加精美，使用效果也有所提升，质量更好，工具的种类也逐渐丰富起来。但这个时期制作出来的工具最主要就是用于农业生产，还不存在"手工业者"的概念，但工匠精神正是在骨器与石器的打磨过程中孕育的。

到夏商时期，社会不断发展，人们从石器时代走进青铜器时代，又从青铜器时代迈入铁器时代。人们在日常生活中使用铜器、铁器与青铜器的频率大大提升，这些器物的使用也使农业的生产规模不断扩大，除了满足温饱需要以外，剩余的粮食也可以用来与他人交换生活必需品。由于时代进一步发展，人们对生活必需品的需求也不断扩大，这就导致一些既务农、又制作器物的人无法平衡自己的时间，专门从事手工业生产的劳动者也就在这时出现了。我们可以从《史记》中看出，四千多年前，在陶器的制作过程中就已经能够体现出兢兢业业、精益求精的工匠精神了："舜耕历山，历山之人皆让畔；渔雷泽，雷泽上人皆让居；陶河滨，

① [美]斯塔夫里阿诺斯著：全球通史：从史前史到 21 世纪（上册）[M].吴象婴，等译.北京：北京大学出版社.2006：6.

河滨器皆不苦窳。一年而所居成聚，二年成邑，三年成都。"①

工匠精神要求匠人们耐心专注、切磋琢磨，从之前制作的骨器与石器，到后来使用的铁器与铜器，这些器物都是为了改善人们的生存条件，即使生存环境极度恶劣，生产技术也并不先进，但是人们仍然能够全心全意地投入器物的制造，工匠精神也正是在这一过程中产生的。

（二）工匠精神发展成熟阶段

中国传统工匠精神是在传统手工业的发展中不断孕育出来的。在即将进入封建社会时，手工业正式从农业中脱离出来，成为一个独立的产业，这也证明第二次社会大分工完成了，在这时，中国传统工匠精神也开始萌芽。这之后，手工业的发展空前迅速，极大程度改善了工匠的生产生活，使工匠们不仅拥有了一定的物质基础，使得工匠精神的内涵也进一步丰富，工匠精神不断发展，在这个阶段呈现出了德艺双修与尊师重教的特点。

手工业在社会生产力的发展与技术进步的过程中逐渐拉大了与农业生产的距离，这也使得以往从事农业生产的农民不断向手工业领域靠拢，成为真正的工匠，这就使工匠群体的规模不断扩大，工匠也就成了一项专门职业，致力于为人们制造日常生活所需要的器物。在《考工记》中，曾对这项职业有着明确的记载："国有六职，百工与居一焉""知者创物，巧者述之，守之世，谓之工。"②郑玄注曰："百工，司空事官之属，于天地四时之职，亦处其一也。司空，掌管城郭，建都邑，立社稷宗庙，造宫室车服器械，监百工者。"③但是，由于越来越多的人都开始从事手工业，也有越来越多的人在从事这个职业许多年之后成为能工巧匠，这也使人们选择工匠时出现了困难。儒家"仁、义、礼、智、信"的道德原则对于整个社会的伦理观念都造成了不小的影响，另外，其对工匠的职业道德也做出了非常严格的要求。由于儒家文化在社会中盛行，"追求人的内在德性"就得到了社会大众的普遍认同，并形成了"以德为先"的社会观念。因此，人们对工匠的要求不仅仅是拥有过硬的技术，更重要的是必须具备正确的道德观念与良好的道德品质。经过长时间的发展，在之后的工匠精神中我们也仍旧能够看到这些优良品质。

工匠精神在工匠进行生产实践的过程中不断成熟，其内涵也不断丰富。与此

---

① 司马迁. 史记 [M]. 韩兆琦，译注. 北京：中华书局 .2010：50.
② 闻人军译注. 考工记译注 [M]. 上海：上海古籍出版社 .2008：1.
③ ［汉］郑玄注，［唐］贾公彦疏. 周礼注疏·考工记 [M]. 上海古籍出版社 .2010：1520.

同时，工匠精神也在"父子相传、师徒相授"的技艺传承模式中不断发展，在这种发展模式下，尊师重教成为工匠精神一个最为重要的特征。由于儒家思想的影响，我国自古以来便有尊师重教的传统，所谓"疾学在于尊师，师尊则言信矣，道论矣。"①"凡学之道，严师为难。师严然后道尊，道尊然后民知敬学。"② 可以看出，徒弟在向师父学艺的过程中，不仅要努力学习知识技能，还要尊敬师长，只有这样才能对这个职业抱有敬畏之心。

在这一阶段，工匠的技术不断提升，生产工具也有了较大的发展，手工业在这样的条件下发展得更加迅速。我们可以通过纺织业来证明这一点，当时，手摇单锭式的缲车纺车已经逐渐被复锭脚踏式所替代，纺织材料也不断精进，刚开始是葛布，后来是麻布，再后来发展成棉布，纺织花色也开始有了更多的新花样，开始出现平纹、斜纹、缎纹等样式，使人们争相购买。马钧是三国曹魏时期的发明家，他曾改良纺织机器，提升了纺织效率，使纺织业的发展达到了新高度："（钧）居贫，乃思绫机之变，不言而世人知其巧矣。旧绫机五十综者五十蹑，六十综者六十蹑，先生患其丧功费日，乃皆易以十二蹑。其奇文异变，因感而作者，犹自然之成形，阴阳之无穷。"③ 我们可以从这段话中看出，手工行业的发展依赖于生产技术的不断进步。

（三）工匠精神的弘扬

我国向"制造强国"方向发展始于 2015 年，在这一年，国务院印发了《中国制造 2025》文件，肯定了具备工匠精神的技能型人才的地位，强调他们是转型之路上的中坚力量。在国务院发布这个文件之后，引发了人们对"工匠精神"的重视，并开始了对"工匠精神"历史源流与主要内容的学习。社会中的这种现象对现代"工匠精神"的传承具有重要的推动作用，使"工匠精神"在当代也闪烁着耀眼的光芒。从 2016 年至 2018 年，"工匠精神"这四个字三度写入政府工作报告，2016 年政府工作报告中指出，"鼓励企业开展个性化定制、柔性化生产，培育精益求精的工匠精神，增品种、提品质、创品牌。"2017 年政府工作报告中指出，"大力弘扬工匠精神，厚植工匠文化，恪尽职业操守，崇尚精益求精，打造更多享誉世界的'中国品牌'，推动中国经济发展进入质量时代。"2018 年政府

---

① 吕不韦著，陆玖译注 . 吕氏春秋 [M]. 北京：中华书局 .2011：104.
② [元] 陈澔注，金晓东校点 . 礼记 [M]. 上海：上海古籍出版社 .2016：421.
③ [晋] 陈寿撰，[宋] 裴松之注 . 三国志 [M]. 北京：中华书局 .1999，599.

工作报告中指出,"全面开展质量提升行动,推进与国际先进水平对标达标,弘扬工匠精神,来一场中国制造的品质革命。"

现在,我们正处于中华民族的伟大复兴时期,习近平总书记对劳模精神与工匠精神大加赞扬。《中国制造2025》中指出,国民经济的总支柱就是制造业,我国要想顺利从中国制造向着智能制造转变,就必须重视工匠文化在我国发挥的作用。现如今,我们除了要对工匠精神充分认识外,必须重构适应我国发展实际的、与民族立场一致的、与全球发展贯通的新时期工匠精神。重构工匠精神就需要我们在了解工匠精神的产生原因、剖析工匠精神内在价值的基础上升华工匠精神,特别是工匠文化的升华。

我们在新的历史时期,最主要的任务就是实现中华民族伟大复兴的中国梦,要实现这个总目标,就必须重塑工匠精神,不断丰富工匠精神的时代内涵,重视工匠精神的时代传承,使工匠精神的传播途径不断向着多元化的方向发展,不再使工匠精神成为一句口号,而是将工匠精神贯彻在我们的实际行动中,使工匠精神为"中国梦"增光添彩,不断加快中华民族伟大复兴的进程。

三、传统工匠精神在当代职业教育中的传承

(一)中国传统工匠精神的基本内容

"工匠精神"在我国经过了非常漫长的发展历程,在不同的历史时期呈现出了不同的特点,工匠精神的内涵也在随着历史的不断发展而丰富起来。对于中国传统的工匠精神,我们无法使用最精确的语言为其下定义,但人们在实践中都对工匠精神形成了较为统一的共识,例如,工匠精神就是人们在工作过程中表现出来的对职业的敬畏,对工作内容精益求精,对工作恪尽职守等。我们在一些书本、期刊、杂志中都能够找出一些形容工匠精神的词语,如精益求精、攻坚克难、爱岗敬业、取精用宏、匠心独运等,这些词语对"工匠精神"的基本内容做出了很好的阐释。

1."德艺兼修"的职业道德信仰

在中国传统的工匠精神中,"德艺兼修"是一种非常重要的职业信仰,其是指匠人们在提升自己技艺水平时,对自身的道德素养与道德修养水平也要提起相

应的重视。古人在形容工匠精神时，只有四个字，即"发心、愿力"。"发心"是在解决"为什么"，如"人为什么活着""我们做这件事是为了什么"，而"愿力"则是解决怎样做的问题，即古人认为，人们只要确定了自己"为什么要做这件事情"，就可以开始着手"怎样做这件事情"。

在中国传统文化精神中，无不体现着"道德"，使用道德作为标准能够使人们达到理想中的人格。春秋时期，我国的政治伦理文化是以儒家思想为核心，那时，"德为先，重教化"的文化已经在人们的思想中扎根，并成为中华民族传统文化中不可或缺的一部分。我国古代的工匠们将以德为先作为一种职业规范约束自身的制造行为，工匠精神就是在以德为先的基础上产生的。

《墨子·尚贤上》中记载"兼士"需要达到三条标准，即"厚乎德行""辩乎言谈""博乎道术"，要做到"有力者疾以助人，有财者勉以分人，有道者劝以教人"，"利人乎即为，不利人乎即止"[1]，在古代社会职业道德中，上文中提到的道德价值观是作为评价标准存在的，在工匠们的身上，这些道德价值观也同样适用。在社会的发展过程中，职业越来越多，导致每个工种的分工也越来越细化。在职业岗位中，"能力"已经成为最不可或缺的需求了，现如今，工匠们要想得到全面的发展，不仅要精通专业知识，还要更新自身的道德观念，不断提升自身的思想品质，这样才能够在现代社会中立足。

对工匠身上所应具备的美好品质，《左传·文公七年》是这样说的："六府三事，谓之九功。"[2] 由此可见，要想成为一名优秀的工匠，除了自身要具备精湛的技艺，"匠心"也是必不可少的。"匠心"是工匠职业生涯中不断修炼出来的优秀品质，也是其对自身的一种定位。拥有匠心的工匠一定是一个谦虚的人，他会不断地对自身进行激励与警醒，使自己不忘初心，砥砺前行。匠人技术的进步与内心的谦逊使更多人制造出了巧夺天工的作品，使社会有了源源不断的发展动力，这些都是源于匠人们拥有"德艺兼修"的职业道德信仰。

古时的工匠们并不看重利益，对于工艺制造，他们投入了百分百的热情，他们在自己的岗位上发光发热，不仅恪尽职守，也有着非常高的道德修养。对他们自己制造出的每一个作品都能够沉得下心来琢磨，对外界的声音也不甚在意。"德艺兼修"的职业道德信仰为他们指明了方向。只有不断提升自身的道德品行修养，

---

① 墨子 [M]. 北京：北京联合出版公司，2015：37
② 左传 [M]. 哈尔滨：哈尔滨出版社 .2011：26.

才能不被利益驱使，保持初心。

2. "尚巧达善"的职业伦理追求

"达善"是指工匠们为了达到至善的境界，在工作过程中不断提升自身技术水平，"至善"的境界就是工匠对自己制作的产品给予一定的价值与文化内涵。工匠们自身的技术与制作成果都能够显示出一定的精神内容与价值理念，因此，我们能够在这类作品中感受到更多人文情怀。至美则是指工匠应该在工作过程中不断使产品的精致度上升，追求产品的完美。《说文解字》曰"'工'，巧饰也。"

"尚巧"是指工匠们需要在制作产品的过程中专注自己制作技巧的提升。不断追求产品制作的"巧"，在中国传统的工匠精神中，"与人为善""众善奉行"等内容已经深入我们的脑海，我们在日常生活中也在不断践行着这些精神。

在我国，手工业有着较为漫长的发展过程，手工业的发展使我国出现了许多能工巧匠，也留下了许多关于匠人的模范事迹，有利于我国匠人精神的传承与发展。纵观我国历史，匠人是我国工匠的典范，他们不仅技艺高超，而且匠心独具，能够创造出许多新的作品，并且他们也有着非常高的素养与道德情操。造物是工匠们的主要工作，我们将工匠使用自身内在力量将物质对象化的过程称为造物过程，在这一过程中，能够将工匠们的技术与气质淋漓尽致地体现出来，匠人们自身的道德素养也从中展现出来。工匠在制造产品的时候，必须要注重产品的质量，只有重视产品质量，才会使自己早日达到"尚巧达善"的境界，这除了对创作产品的质量进行把关，也是在追求自己的卓越品质。

随着社会迅速发展，快文化逐渐变成人们休闲娱乐时的主流，但这一理念与工匠精神有所不符。这是因为无论是人的品质还是产品的质量，都不能在一朝一夕间形成最好的状态，因此，新时代的工匠更要在快文化社会坚守自己的本心，不被外界的诱惑所干扰。需要建立十足的耐心，宁愿为精品花费数十年时间，也绝不浪费一分钟制造劣质物品，逐步实现"尚巧达善"的职业伦理追求。

3. "强力而行"的职业奉献精神

在我国传统的工匠精神中，有一种职业奉献精神叫作"强力而行"，这是指工匠在制作物品的过程中需要在使用技术时对自然怀抱敬畏之心，作为工匠，应该具备相应的奉献精神与责任感。在战国时期，我国出现了许多独具匠心的工匠，如鲁班、庖丁等，也诞生了许多歌颂工匠精神的经典名句，如"如切如磋、如琢如磨""治之已精，而益求其精也"，在《梦溪笔谈》《天工开物》《百工图》等著作中也对工匠精神进行了高度赞扬。我们还可以从曾侯乙制作的编钟、出土的唐代文物唐三彩、北宋文物汝瓷、明清时期的丝绸中看出工匠们精益求精的工匠精神，他们所拥有的高度责任感与对作品的热爱，使出自他们手中的物品为华夏物质文明宝库增光添彩，在这些物品中，强力而行的职业奉献精神被展现得淋漓尽致。

中国传统的工匠精神使中国的传统手工业获得了不小的发展，同样，手工业的发展也为工匠精神的进一步传承提供了条件。在那时，工匠们所拥有的专业特长与工艺方向各不相同，他们对器物的制作有着较为明确的分工，自然，对自己制作出的产品也负有全部责任。传统手工业时期，工匠们独立进行产品的设计、制作、质量检测与销售，可以说，一个人撑起了一条生产线，因此，如果在某一环节有所疏忽，导致生产出来的产品存在质量问题，那么，工匠们的心血也就白费了，他们就会得不到报酬。手工业时期，匠人们可能一生只生产一种物品，因此，只有建立了较强的职业奉献精神，才能够守护自己的事业。工匠群体重视师徒传承，师父不仅要为徒弟传授制作产品的经验，还要将行业内的规矩教授给徒弟，让徒弟们明晰作为一名职业工匠的原则，工匠精神也就从这世代的师徒传承中一并流传下来了。因此我们可以看出，传统的工匠精神中在匠人们很看重自己的技艺是否能传承。

工匠们的奉献精神无处不在，例如，古时打制石器向磨制石器的转变、简单石器的制作到陶器、纺织、木制品的制作，从葛布、麻布再到棉布的转变，都能够体现工匠们的奉献精神。除此之外，我们发现，在河姆渡文化时期，人们已经开始产生了"美"的意识，学会用自然中的石、骨、象牙等资源进行改造，制作成较为精美的饰品穿戴在身上，这也能够体现出中国传统工匠强力而为的职业奉献精神。

4. "道技合一"的职业道德境界

工匠们除了要树立"德艺兼修"的职业道德信仰，建立"尚巧达善"的职业伦理追求，培养"强力而行"的职业奉献精神，最重要的还是要达到"道技合一"的职业道德境界。这里提到的"道"要求工匠们不仅要对制作之道进行把握，更重要的是，工匠们应该在制作手工艺品的过程中通晓"做人之道"，对技艺有所精进的同时也要对自身的人品、道德有所要求。《左传·文公七年》①记载,"六府三事,谓之九功。水火金木土谷,谓之六府。正德、利用、厚生、谓之三事。义而行之,谓之德礼。"因此,"正德"作为三事之首,对工匠的制作行为会产生一定的约束。我们也可以窥见在当时的工匠精神中,道德伦理内容也是衡量工匠技艺是否增长的一个重要条件。那时儒家思想盛行,我国工匠受之熏陶,不仅重视自身技艺的精进,更开始追求"道",力图使自己达到"道技合一"的职业道德境界。

在前文中我们提到,各个学派都曾提出"以道驭术"的思想观念,他们的这种伦理观念在时代不断的发展中也有了更加丰富的内涵。

儒家学派提出,"以道驭术"思想就是要求工匠的技术只需要满足社会需要即可,对技术产生的不良影响要引起重视,并且不断对其进行制约。儒家思想认为,只有厘清了技术与道德的关系,才能够更好地"以道驭术"。当时,儒家学派对道德与技术的关系,主张"以义理为本,以技艺为末"。"义理为本"就是指对技术能力的评价要增加道德评价,若工匠在制作产品的过程中能够产生正面的道德作用,那么工匠使用的技艺就是一种具有社会价值的技术,可以被广泛运用,反之则需要进行限制。对于"术"来说,人们可以通过一些手段来达到,如果工匠们的"术"脱离了"仁道",这项"术"就是一项无益于社会价值的事物。因此我们可以看出当时社会中对工匠来说,有"德"才能够在社会中获得生存的砝码,"道"是工匠们在制作产品时需要追寻的目标,"仁"是工匠自身需要具备的美好品质,而"术"仅仅作为一种能够使工匠达到目标的一种途径而存在。

道家学派中有关于"以道驭术"的观点是建立在"道法自然"的基础上。道家认为,工匠所掌握的技术能够使生活水平提升,做事效率也能够大大增强,这些是技术为人们带来的积极作用,必须要大加赞扬,但是,技术对人们生活产生的消极作用必须被人们有所重视。庄子对于"以道驭术"是这样看的,首先,道进乎技,即工匠只有在活动中不断进行创新,技艺才能够精进;其次,道寓于技,即工匠只有具备了精湛的技艺,才能够"得道";最后,道技合一,即工匠在制作产品的过程中需要将自身与工具合为一体,这样才能够达到较为理想的职业道德境界。在工匠工作的过程中,道德不但能够对人与工具的关系进行协调,还能够协调人与自己、人与自然的关系。

---

① (春秋)左丘明. 左传 [M]. 长春:吉林大学出版社,2011.

对于"以道驭术"，法家学派较为重视规矩，主张法与技艺相辅相成，法要对技艺的实施过程施加一定的规范。

墨家在强调"以道驭术"时，较为看重匠人们的个人修养，对墨家来说，平民的利益是整个社会中最重要的事情。

在中国传统手工业中，工匠们不仅要提升自身的技艺技能，还要将"道义"作为规范自己的准则，以实现"道术结合"的最高追求。现如今，科技不断进步，人的发展也呈现出片面化的趋势。科学技术为人们的生活带来了前所未有的新奇体验，也在社会中产生了一系列的负面影响。我们不能忽视工匠们对社会发展做出的卓越贡献，因此，我们要更加注重对工匠精神的传承与建设。

（二）传统工匠精神在当代职业教育中传承的意义

1. 有利于发展完善我国的职业文化

刘志彪认为："中国自古以来缺乏的不是工匠精神，而是工匠精神制度背后相互作用的文化。作为支撑工匠精神的文化是社会所真正缺乏的，并且需要重新拾起的东西。"[1] 我们在当代社会提起工匠精神，是指工匠在工作过程中展现出来的工作态度与精神品质。而工匠文化是工匠精神的升华，它建立在工匠精神的基础上并不断推陈出新。现代流行的职业文化与工匠文化有着非常密切的关系，职业文化能够从一定程度上看出传统工匠文化的影子。而在工匠文化中，也吸收了职业文化的精髓。因此，我国职业文化的发展离不开对传统工匠精神的继承，可以说，工匠文化是我国职业文化发展的源动力。

工匠精神内涵丰富，在众多构成要素中，职业精神是最为基础的。现代人只有具备了较强的职业精神，才能够具备拥有工匠精神的前提条件，在职业文化中融入工匠精神，是职业精神的具体表现，只有具备职业精神，才能够使职业文化不断发展。职业不仅是一份工作，更是一种文化，它要求从业人员坚持职业信仰与实践能力并重。职业道德所具备的约束力要求每个工匠都要遵守职业道德。作为一种职业文化，职业道德升华了职业精神，人们职业文化的发展步伐依托于职业道德的提高。随着社会经济的发展，人们在对待自己的职业时更加认真，现代人在工作的过程中不断提升自己的价值追求，使职业成为实现人生理想与实现自我价值的重要途径。现代工匠也更新了自己的劳动方式，较之前的重复机械劳动

---

① 黄艳. 工匠精神融入高校思想政治教育研究 [D]. 上海：上海师范大学,2018.15.

来说更加多样化，工匠们也由之前的被动工作变成了主动工作。早些时候，工匠的精神意识与时代的发展速度不匹配，职业文化也较为零散，不成体系，这时，职业道德就可以发挥其对职业文化的辅助作用，帮助工匠们树立更加完善的职业文化。随着人们精神意识的完善与发展，道德作为一项规范被广泛应用。在传承工匠精神时，道德不仅是作为方向标存在，而且也能够使从业者在工作的过程中进行自我约束，为营造和谐的职业文化氛围提供条件。

我国现阶段仍处于社会主义初级阶段，人们对物质的追逐是这一时期社会发展心理的重要表现。人们在工作环境中对物质的追求致使工作氛围较为浮躁，人们更加注重对利益追求所产生的结果，注重眼前利益，忽略长远利益。因此，现如今对重塑工匠精神的呼吁不仅是为了解决这一问题，更是要使大众树立起正确的金钱观与价值观。只有树立了正确的价值追求，才能够更好地建设职业文化。

古代的工匠讲究"术业专攻"，即每个人都有每个人擅长的领域，人们在各自的领域中不断精进自己的技艺。在那时，人们重视工匠们的"匠艺"，但现如今，人们对"匠心"的追求则更加明显，关于这一点，各行各业都在各自的职业准入门槛中做出了相应规定，即对道德伦理更加重视。在中国传统的工匠精神中，道德伦理体现为工匠们对自己手中产品的精益求精、对职业的乐于奉献，在这个过程中，工匠们的技艺、专业精神与基本素质无不体现着对中国传统工匠精神的传承，这对我国现阶段职业文化的发展与完善形成了巨大的推动力。

2. 有利于塑造和谐的职业价值观

当今社会，仍有许多人未树立起正确的职业价值观，仍旧渴望"不劳而获"，因此，加强中国传统工匠精神的继承也有利于人们正确价值观的形成。我们能够在史书中看到对劳动者的贬低，认为工匠们的工作并不具备社会价值。"万般皆下品，唯有读书高""劳心者治人，劳力者治于人"等，都认为只有读书才能提高自身的社会地位。现今，大学毕业生就业难已经成为非常普遍的社会问题，这是由于大学生只是想通过工作进行自我满足，而并不是为了实现自我价值，社会职业价值观变得扭曲。

我国社会主义核心价值观的内涵能够通过对劳模精神、劳动精神以及工匠精神的弘扬体现出来。当代社会，引导人们实现自身的职业价值，树立正确的价值观，对中国传统工匠精神的继承无疑是在加速这一进程。

3. 有利于提升职业工作者的职业操守

当今社会，工匠精神已经在人们的心中有所淡化，产生了一些道德滑坡与职业操守缺失的现象。职业操守，就是指从业者在工作过程中需要坚持某些行为规范与道德底线。

在我国传统工匠精神中，职业道德素质是至关重要的。"德艺兼修"的职业精神，能够帮助从业者在工作中坚持本心与职业操守。对工匠们来说，自己的手艺就是他们赖以生存的根本，他们为了满足自身的生存需要，必须不断精进自己的职业技能。在古时，只有专注自身技艺的提高，才能在社会中立于不败之地。由于当时的社会大环境对工匠来说并不利于其发展，其职业与技术在社会中的地位也非常低微，甚至有时会被人们看不起，但尽管如此，工匠们对自身掌握的不断提升的技艺，还是具备满满的成就感与自豪感。

"虽是毫末技艺，却是顶上功夫"这是旧社会时期，理发店的对联，而这副对联正是解释了这个问题。"毫末"是指头发，也指价值评价的含义；"顶上"是指头顶，也指价值评价的意思，这是对理发师自身所具有的技艺的肯定，对自己职业的一种成就感。那时候工匠的技艺传承的方式一般都是家族流传，工匠们的技艺不仅仅代表其获得劳动报酬的途径，同时也展现的是其家族的荣耀，对祖先们的崇拜，具有一定的社会意义。工匠们以职业为载体，通过自身的劳动对周围进行服务的过程，使他们获得了自豪和满足，支撑着其对职业的高度认同。总而言之，工匠们在制作手工艺制品的时候，不仅是将其作为一项吃饭的本领，更是将其视为一种文化。对于手工艺文化的传播，工匠们总是具备非常高的自我认同感的，这也有益于从业者坚持本心，将职业操守作为自己从事这项职业的根本准则。工匠们还需要在对自己的职业产生认同之后做到"乐业"与"敬业"，乐业，就是要对工作保持高度的热情，而敬业就是要对自己的职业树立起职业信仰，要兢兢业业。为了使从业者恪守职业操守，对待工作更加专注，就必须促使从业者在工作中端正态度，使他们将职业作为自己提升的目的，将中国传统工匠精神中精益求精、一丝不苟的优秀品质传承下去。

（三）传统工匠精神在当代职业教育中的传承途径

1. 在职业道德教育中诠释传统工匠精神

既然美德是一种习惯，那么社会就一定要通过教育的手段，让人们都养成这样一种良好的习惯。因此，在我国职业道德建设事业中，要想实现对中国传统工匠精神的有效继承，就要利用好教育这一条重要途径，在职业道德教育中加强对工匠精神的传播。

（1）职业道德教育中诠释传统工匠精神的原则

①实践性原则

在开展职业道德教育的过程中，要坚持以马克思主义为导向，对传统的工匠精神进行更深层次的挖掘，从中提炼出符合我国党方针路线的内容，并借此组织职业道德教育相关的活动，让中国传统工匠精神在道德教育中真正发挥作用。要想在职业道德教育过程中正确、深度地传授传统工匠精神，首先要实现工匠精神与职业实践的有机结合，要帮助受教育者有效处理职业实践中的难题。

党的十九大召开以来，党对我国传统工匠精神的发扬与传承予以了特别的重视，所以，我们应坚持马克思主义这一导向，坚持社会主义核心价值观，根据我国的实际国情，利用好职业道德教育，促进中国传统工匠精神的发展与传承。大量的实践证明，依托于公民的职业道德教育，我国传统工匠精神的价值得到了较大程度的发挥，一方面促进了道德教育的发展，另一方面又实现了中国传统工匠精神的进一步发展。因此，在发挥传统工匠精神的过程中，我们要正确理解中国传统工匠精神与公民职业道德之间存在的关联，要坚定地将马克思主义作为职业道德教育的导向，争取在职业道德教育的过程中，更好地弘扬中国传统工匠精神。

②批判性原则

在开展职业道德教育的过程中，我们要加强对中国传统工匠精神的深度思考，要整理其精神实质。与此同时，还要对工匠精神中的内容进行鉴别，判断它的一些内容是否符合当今时代特征，并秉持扬弃原则，对其内容进行梳理，总而言之，对于中国传统工匠精神不能全取全用，要有一种批判的意识，结合时代需要选择性地继承工匠精神。工匠精神是中国传统文化的重要组成元素，它是中华儿女在几千年来的实践过程中累积而成的，工匠精神中的一些符合当今时代特征的内容，在我国职业道德建设中发挥着举足轻重的作用，同时推动着社会的进步。但是，在不同的历史时期，中国传统工匠精神体现出不一样的内涵，可以说它一直处于不断发展和完善的状态，并不断地跟时代进行磨合。客观来讲，社会文明是不断前进的，而中国传统工匠的精神中存有一些不利于现在社会进步的内容，在古代，这些内容是为了满足统治阶级的需求，在现代，这些内容是为了满足一些人的物质需求。所以说，中国传统工匠精神的内容可以分成三类，一类是可以直接使用的，它对时代发展有着正面的影响；一类则跟时代特征完全不符，并不适用于公民道德教育；还有一类则需要进行一定的改良，才能在现代职业道德教育中发挥价值。因此，对中国传统工匠精神，我们必须持有批判意识，要学会取其精华，去其糟粕。我们要站在客观的角度，考虑时代发展的特点，对中国传统工匠精神进行审视，使其能够在现代职业道德教育中发挥应有的作用。

③创新性原则

创新性原则是指，工匠精神具有超越性，在客观创造性活动之外，工匠精神还具备拓展到具有普适性的方法论意义。工匠精神的超越性，并不特指客观上的创造性活动，而是指马克思所认为的"人的本质力量的确认"境界，代表的是一种人生价值、一种生存方式和一种工作态度。因此，我们所探讨的工匠精神，同样是在具备了本位在中国传统工匠精神价值实现的进程里，应该充分考虑中国的实际国情，以及受教育者的各方面情况，并积极参考国内外先进的创造经验，对传统工匠的内涵价值进行转化。对于传统文化，我们必须要有一种创新的意识，这样才能赋予传统文化以生机，使其在新的时代背景下发挥更大的作用。就传统工匠精神来说，对它的创新与完善，可以使其在公民道德教育中发挥更大价值。

我国的传统工匠精神要跟公民道德教育相融合，并在此过程中根据实际情况进行创新。在时代发展的潮流中，教学方法、学习方式以及传播媒介都在不断变化。所以，要想对中国传统工匠精神进行有效的创新，一定要充分考虑时代发展的需求，要不断对教学方法、学习方式以及传播媒介加以改进和创新，借此促进创新成果的转化，从而使传统工匠精神的价值得到充分体现。

（2）在职业道德教育中融入中国传统工匠精神

第一，学校可以在高等教育、职业教育、成人教育等不同领域内，将工匠精神合理地融入职业道德教育中，特别是在职业教育和高等教育中。学生毕业后就会走向社会参加工作，所以要引导学生对传统工匠精神产生正确的认识，使其真正掌握工匠精神的精髓并得到个人职业道德素养的提升。

第二，学校要根据当前课程安排以及学生的实际发展需求，适当增加有助于提升学生工匠精神涵养的相关课程。各级各类院校，要综合考虑学生的认知能力和学习诉求，设置工匠精神相关的多元化课程，加强工匠精神教育，提升学生综合素质。另外，工匠精神还要渗透在教材中，渗透在上课使用的案例中，有效培养学生的工匠精神。

（3）营造有利于继承中国传统工匠精神的职业道德教育氛围

氛围对学生的学习行为有着较大的影响。在职业道德教育中，和谐的氛围有助于唤起学生学习工匠精神的热情，使其能够积极主动地参与学习活动，接受工匠精神的熏陶，从而使传统工匠精神的价值得到最大程度的体现。而负面的职业道德教育氛围，则很有可能触发受教育者的反感情绪，导致他们对教育过程不配合，不主动参与相关学习活动，不能充分领会教育内容，最终使得工匠精神对职业道德教育的作用得不到体现。所以，在职业道德教育的过程中，为了充分发挥工匠精神的价值，提升教育的有效性，培养公民良好的道德素养，就需要通过有效的手段，营造和谐的教育氛围。

①营造职业道德社会氛围。通过有效的手段，促进工匠精神的创新发展。对工匠精神的形式进行创新，并制作能够体现工匠精神内涵，同时跟时代文明需求和公民审美相符合的专题纪录片或其他娱乐性节目，依托互联网平台，在社会中对传统文化进行大力传播，从而在社会上掀起学习传统文化的热潮，引导人们主动去探索中国传统工匠精神的内容和时代价值。

②营造职业道德教育校园氛围。学校是开展职业道德教育的主要阵地，在校园内营造一种工匠精神氛围，可以使学生对工匠精神产生兴趣，能够促进学生工匠精神与职业素养的形成，从而实现工匠精神在职业道德教育中的价值。另外，各级各类学院要将自身各方面的情况与国家弘扬工匠精神的具体要求联系起来，合理设置工匠精神教育的相关课程，努力营造和谐的具有传统工匠精神校园氛围。

营造职业道德教育家庭氛围。家庭是每个人的第一所学校，父母则是每个人的第一任老师，家庭和父母对一个人的成长起着非常关键性的作用。一个人从出生到长大后走向社会，这期间有大部分时间是在家中度过的，也就是说人们长期受到家庭环境的熏陶。父母的知识水平、道德素质、教育理念，以及家庭成员关系，对一个人的身心健康、文化水平、道德修养的发展有着重要影响，因此，在家庭环境中，可以适当融入工匠精神元素，借此营造良好的家庭氛围，培养子女对工匠精神的兴趣，促使其主动学习和探索工匠精神的内容，最终形成高尚的职业道德品质，进一步发挥工匠精神在公民职业道德教育中的作用。

2. 在职业道德规范中融入传统工匠精神

从内涵上来说，职业道德规范跟传统工匠精神是有着一定契合性的。第一，二者的内在精神相统一。它们的内在精神都要求职业者在工作过程中认真严谨。社会主义职业道德基本规范是职业活动中处理各种道德关系的行为准则，对各行业提出一样的要求，主要是要求各岗位上的工作人员爱岗敬业、坚守信用、奉献社会等。"谓艺业长者而敬之"是中国传统工匠精神的一种体现，作为工匠有一个必要的条件，那就是纯熟地掌握一门技术，并且在工作过程中能够有始有终，能够对自己的行业保持热情，很多匠人们都是这样度过一生的。纵观历史，那些能够被称为匠人的人，基本都是在自己的岗位上工作了十几年甚至是几十年的时间。

第二，目标方向的趋向性。职业道德规范的目标和传统工匠精神的目标存在趋同性。从个体的角度来说，职业道德规范与传统工匠精神都注重培养个体的责任意识，提升个体的道德修养。爱岗敬业是最基本的工作态度，也是职业道德规范最基础的内容。所谓爱岗，是指热爱自己的职业和岗位，而敬业则是指在工作过程中，能够保持一种认真严谨、积极主动的态度。诚实守信是职业道德规范的重要内容，诚实是指真实地说明客观事物，守信是指在与人交往过程中，信守承诺，勇于承担义务，这有助于构建和谐的人际关系。办事公道是最为人们所称赞的职业道德素养，也是传统工匠精神的重要内容。传统工匠精神中的"达善"，是指匠人们在工作上能够精益求精，不断提升自己的技术水平，努力使工作尽善尽美。正德则处在更重要的位置，它主要的作用就是对工匠的技术表达和行为进行约束。由此可见，职业道德规范和传统工匠精神在职业道德建设中的目标有着一致性。

第三，教化功能的一致性。从教化功能上来说，职业道德规范中的敬业精神，跟传统工匠精神中的敬业精神具有一致性。职业道德规范是社会物质文明建设的主要驱动力，它直接影响着职业道德的形成，影响着社会的整体风气，它有助于激发人们自我提升和自我完善的意识，也有助于改变各种职业活动中存在的不正之风。中国传统工匠精神可以帮助人们实现自己的价值。很多人对传统工匠精神没有正确的认识，将其看成是一种简单的机械性劳动，实际上它代表的是一种持久性和创新性的劳动过程，从而实现在工作中构建人与物的融洽关系，体现匠人的个性，促进社会的和谐发展。这同样具有教育功能。

在职业道德规范中融入传统工匠精神。首先，职业道德规范中会有一些传统工匠精神的相关内容，可以借此对工作人员进行教育和引导，使他们自觉承担责任，保持对工作的热情，进而为他们养成敬业精神做好铺垫。我们倡议将职业道德规范用在各行各业中，主要目的是让从业者所负责的各项工作，能够符合工匠的专业化水平，达到标准化程度，以上论述的内容都是现代化职业生活发展的必要条件。在中国传统的工匠精神中，有"精益求精"的职业态度，有"德艺兼修"的职业信仰，也有"尚巧达善"的职业追求，这些内容跟当今的职业道德规范有较大的契合性。一般来说，在职业生活中，人们所得到的利益，只能满足其物质需求，却不能满足精神上的需求。而对人在精神层面予以支持，可以使人对工作产生更大的动力。现代职业道德规范中的一些内容，可以给从业人员指引方向，帮助他们更快地适应工作，并在工作中得到人生价值的体现，进而逐渐形成爱岗敬业的品质。

其次，要通过有效的教育手段，引导从业人员深刻理解道德规范，将其体现在职业行为中，并在工作过程中，引导从业人员不断超越职业规范中蕴含的职业信念。马克思说："道德的基础是人类精神的自律。"① 道德规范是一种外在的要求，它高于生活，但同时也深深地融入我们的生活之中，并约束着我们的行为。当从业者能够深刻理解和掌握道德规范的内容，并从心里对其产生认同和敬仰，同时形成遵守道德规范这一习惯的时候，就能够坚守内心道德准则，不被各种利益所诱惑，并在工作中认真践行职业精神。

3. 在社会职业道德宣传中弘扬传统工匠精神

宣传思想工作有助于意识形态的培养，在开展道德宣传的过程中，我们要秉持"又红又专"的理念，从更深的层次理解工匠精神的内涵，争取促进我国经济发展，促进中国制造向中国智造的转变。另外，要借助社会职业道德的宣传和教育，为我国实体经济的发展提供助力，这对发扬社会主义核心价值观，促进国家向社会主义现代化发展具有重要的意义。所以，在职业道德宣传中，我们要特别重视老一辈革命家所具有的吃苦耐劳、精益求精的珍贵品质并对其进行重点诠释。

---

① 马克思恩格斯全集（第一卷）[M]. 北京：人民出版社,1995.119.

同时，大力开展职业教育，对那些具有爱岗敬业、无私奉献，且具有创新思维和创新能力的职业人进行鼓励和宣传报道，从而给人们树立优秀的榜样，并在社会上营造良好的风气。

在依托工匠精神开展职业教育宣传时，要想做好宣传工作，前提是选好阵地，只有这样，才能给职业道德宣传开辟出最佳渠道，达到预期的效果。第一，课堂阵地。目前，职业教育就是要围绕工匠精神，通过一些教育手段，帮助学生成长为合格的职业人，让学生能够通过自己的努力，发展成有知识、有技能、有创新素养的优秀劳动者。在职业教育中，课堂这一主阵地可以作为职业道德最佳宣传途径，也能够体现职业教育的目的。在职业道德教育的课堂上，可以结合学生的实际情况，采取相应的手段，加强对学生职业精神的培养，并且使这种精神能够和企业对接，让学生在工作实践中，深刻感悟工匠精神，慢慢将其内化，并在外在行动上体现出来，促使学生成长为新型劳动者，并使学生的职业精神、职业信念和职业认知得到进一步的强化。第二，网络阵地。我们如今已经走进信息时代，网络十分发达，促进了各行各业的发展。所以，工匠精神的宣传要充分借助网络媒体，一方面提升宣传的有效性，另一方面使工匠精神更具有生动性和时效性。另外，在网络宣传中，宣传的内容不仅限于一些政策和规范，还可以宣传一些工匠的典型。第三，传统媒介阵地。相比于网络媒体，传统媒体更加具有权威性和时效性。我们必须对传统的媒介阵地进行充分的利用，将国家对发扬和继承工匠精神的目标呈现在公众面前，同时让公众意识到职业教育的重要性，从而有效强化公众对工匠精神的认识。

另外，要重视对工匠精神传播体系的构建，主要是构建横向和纵向的宣传体系，这对我国职业教育的发展、工匠精神的弘扬有着重要的意义，同时也能促进我国各项经济品质的提升。横向宣传是指，面向社会、面向教育行业、面向实体经济进行宣传，促进职业教育和社会经济的发展。使职业教育得到社会广泛的重视，成为主流的教育思想，并让从业者和广大民众都能认识到工匠精神在促进实体经济发展方面的重要性。纵向宣传，就是指从上到下进行思想的宣传，让工匠精神的影响力真正顺应职业教育的目标。在新时代背景下，做好工匠精神的职业道德教育工作，对实现中华民族伟大复兴具有重要作用，也是建立社会劳动新风尚的强大助力。

4. 职业工作者在个人的职业劳动中践行传统工匠精神

亚里士多德对德性进行了清晰的划分，他指出，理智德性是通过依赖指导得来的，道德德性是通过习惯得来的。"道德德性是在实践中通过习惯获得的，道德德性不仅产生、养成与毁灭于同样的活动，而且实现于同样的活动。"[①] 就比如说，一个人习惯做不公正的事情，那么时间一长，他公正的德性就会受损，所以说，德性只能来自德性的实践活动。但是通过实践活动，将道德德性赋予了理智的道德引导时，道德德性将是完整无缺的，因此道德实践活动是不可缺少的一部分。

社会不断发展，社会形势也在不断发生变化，相应的，人们的思想也不断改变，正因如此，一些传统的道德教育方式已经不能发挥太大的作用，所以道德教育方式必须随着时代的发展而不断改进。所谓实践出真知，在实践活动中认真践行传统工匠精神，是培养工匠精神的重要途径。

首先，要在职业道德实践过程中，提升道德职业修养。职业道德修养是社会在长期发展过程中形成的。要想成为一名合格的劳动者，就要不断学习，不断充实自己，提升自己的职业操守，强化自身的责任意识。社会上的每个成员都必须有强化职业道德修养的自觉性，构建人人学习和传承工匠精神的社会氛围，这对促进社会发展大有裨益。而从劳动者这一方面来说，工匠精神体现的是其对职业的热爱，同时也体现其勇于担当的可贵品质

在职业道德实践中，我们不能满足现状，必须要追求精益求精，要有一定的奉献精神，保持积极热情的工作态度，自觉地提升职业道德修养。

其次，在职业道德实践过程中，要注重对职业道德理想和信念的树立。工匠们在从事自己的职业时，都应该确立自己的职业理想和追求。在职业道德实践活动中，要树立成为"匠人"的职业理想，激发"成就工匠"的内在驱动力，继承中国传统工匠精神中"尚巧达善"的职业理想，努力追求"德艺兼修"的职业信仰，争取在不断提升自身专业技能的同时，形成终身学习的理念。

再次，在职业道德实践中，要注重对创新精神的发扬。在当今时代，我国提倡"大众创新，万众创新"，传统工匠精神中不仅有爱岗敬业的职业精神，也有精益求精的创造精神。从国家的角度来说，要坚持创新驱动发展的理念，以创新精神作为促进经济发展的重要手段。从劳动者的角度来说，要在不断提升自身职

---

① [古希腊] 亚里士多德. 尼各马可伦理学 [M]. 廖申白译注，北京：商务印刷出版社，2003：115.

业技术的基础上，坚持创新，争取创造性的完成工作。

四、新时代工匠精神的特征

新时代工匠有着明显的时代特色，他们不仅有更高的知识层次、更精湛的技能、更强的责任意识和适应新环境的能力，还有不断自我成长的动力和努力开拓的精神。除此之外，我国技术工人群体还承载着我国制造业转型升级的艰巨任务。总之，适应新时代工业信息化、智能化生产需要，符合多样化、个性化市场需求的优秀工匠们，既要有技能素养，又要有良好的职业精神，表现为对设计独具匠心、对质量精益求精、对技艺不断改进、为制作不遗余力，有担当、有责任，能创造、有创新，呈现出知识化、技能化、专业化的基本特征。

（一）知识化

随着科技的进步，新材料、新能源、新设备、新工艺层出不穷，且一代一代地持续更新。新时代工厂自动化是常态，智能化是趋势，所用的机器设备多以数控的方式运行，半自动化在大范围的消失，手工作业也越来越少，只在少数特殊工艺产品制造领域中存在。新时代工厂，信息处理技术无处不在。无论哪个岗位，基本上都离不开信息处理技术。所以，知识水平不高的工人将越来越无法胜任新时代工厂的作业要求。

以上趋势都表明，技术工人们要迅速更新自己的知识储备，跟上生产要求变化的步伐。知识型员工，尤其是具有学习能力的知识型员工是当今企业最需要的人才。

（二）技能化

没有高超的技能是不能称为工匠的。无论在什么时代，拥有高超的技能都是工匠的基本标签，只是不同时代、不同行业对工匠技能的要求不同。

在新的工业时代，技能的内涵发生了巨大变化。很多传统的技法因为工艺和材料的变化而变化，有的甚至因为工具的更替而消失。消费者对产品质量的要求在不断提高，随之对制造者的技能水平要求也不断提升。与此同时，技能的内涵还在扩大。

技能化也不同于以往对技术工人比较单一的技能要求，而是要求在信息化、智能化环境前提下，不仅能掌握本岗位上的技能操作，还要有相应的扩展性和超越性，懂得一些横向和纵向领域内的技能，具有较高的综合素质。

（三）专业化

俗话说，隔行如隔山，让专业的人干专业的事，才能产生好的效果。现代社会分工越来越细，每一个细分领域又不断呈现快速的技术更替，熟练掌握专业技术的难度越来越大。同时，随着质量标准的不断提升，对操作层面专业的深度和精度要求也越来越高，所以，专业化显得越发重要。新时代的工匠只有"专"下来，才有时间和精力"钻"进某个领域，把该领域的知识、技能摸清弄透，才能在此基础上创新、创造，将岗位作业做到极致，成就卓越业绩。

事实上，工匠们都是名副其实的"专家"，而不是似乎"什么都懂"，实际"什么也不是很精通"的杂家。做好精通一个领域的专家已经非常难得了，人没有那么大的精力和体力成为"通吃"的全才。每个人的个体差异也是客观存在的，有的人感觉很灵敏，有的人心思很细腻，有的人手上特别有准头。审视自我的长项，发展自身的长项，将优势发挥到极致，就能成为某个领域里更有价值的人，这是新时代制造业领域中工匠的明智选择。

第二节　多维视角下工匠精神的解读

一、中国文化视域下的工匠精神解读

黄帝就是一位十分伟大的工匠。相传，他发明了车船、音乐等，为人类的生存发展做出了卓越的贡献；另一位始祖炎帝则发明了医药，教人们耒耜，种五谷，作陶器等，大大改善了人们的生活。总而言之，我们可以从能工巧匠创作的各种精美物品中来感受中华文明的发展与繁荣，比如青铜器、丝绸、刺绣、陶瓷等，这些也都是中华文化的重要象征。在中华文化的整个发展进程中，工匠们因其职业的特殊性，而形成了独特的精神品质，主要体现在以下几个方面：

（一）"尚巧"的创造精神

追求技艺的精巧，对传统工匠而言是非常重要的。首先，巧是工匠一词的基本内涵。《说文解字》曰："工,巧饰也。"段玉裁注曰:"引伸之凡善其事曰工。"[1]《汉书·食货志》曰:"作巧成器曰工。"[2] 在某种程度上,"巧"是工匠的代名词,能称之为工匠的人就是一个心灵手巧的人。其次,"巧"构成了工匠区别于其他职业群体的鲜明特征。《荀子·荣辱》:"农以力尽田,贾以察尽财,百工以巧尽械器,士大夫以上至于公侯莫不以仁厚智能尽官职。"从事器械制造活动最需要的能力便是"巧",所以为工必尚巧,它是工匠最基本的职业要求。第三,它是工匠努力追求的重要品质,人们经常会用"巧夺天工""能工巧匠""鬼斧神工""巧同造化"之类的词语来表达对工匠的赞美之情。第四,它也是形成优良器物的必要条件《考工记》:"天有时,材有美,工有巧,合此四者,然后可以为良。"

(二)"求精"的工作态度

传统工匠精神的第二大特点就是,在技艺上追求精湛,在产品上追求精致。《诗经·卫风·淇奥》曰:"如切如磋,如琢如磨",描述了工匠在切割、打磨、雕刻玉器、象牙、骨器时仔细认真、反复琢磨的工作态度。儒家正是借鉴了这一精神,将其作为治学和修身的方法,《大学》曰:"如切如磋者,道学也;如琢如磨者,自修也。"朱熹进一步提炼出它的核心特质,"言治骨角者,既切之而复磨之;治玉石者,既琢之而复磨之,治之已精,而益求其精也。"[3] 由此,产生了"精益求精"一词。由于它对为学"修身"做事所发挥的积极作用,使它也因此获得道德意义,从而成为工匠所追求的一种重要美德。

这种精神集中体现在中国古人制造的器物上,这些器物以其精致细腻的工艺造型闻名于世。据《考工记》记载,战国编钟十分精致,可以做到"圆者中规,方者中矩,立者中悬,衡者中水,直者如生焉,继者如附焉。"著名的苏州园林以其意境深远、构筑精致而著称于世,被称为"咫尺之内再造乾坤",中国的丝绸、陶瓷等工艺品以其精湛的技艺远销欧亚,我国被称为"丝绸之国""陶器之都"。自古以来,中国就有很多手工艺制作,它们以精巧而著称。这些产品都体现着中国工匠精益求精的美好品质。

---

① (汉)许慎.说文解字[M].长沙:岳麓书社,2019.
② (汉)班固.汉书·食货志[M].北京:中华书局,1985.
③ (宋)朱熹.四书集注[M].长沙:岳麓书社,1987.

（三）"道技合一"的人生境界

不断地追求技艺和作品的精致，并不是那些优秀工匠的真正目的。对他们来说，纯熟的技巧，只不过是通往"道"的一个途径，他们真正的理想是通过手中的技艺而领悟"道"的内涵，从而实现人生意义上的超越。在《庄子·养生主》中，记载了庖丁解牛的故事，故事中梁惠王对庖丁的技艺给予高度赞扬，而庖丁则回答说："臣之所好者，道也，进乎技矣。"也就是掌握了"以无厚入有间"的规律，即道才会有游刃有余的技艺。在庄子的笔下，有很多这样的故事，比如"佝偻承蜩""运斤成风"，故事中主人公的技艺可以说已经到了炉火纯青、出神入化的地步。通过技艺来理解和感受生活，最终可以让我们从"游于艺"的状态，达到"心合于道"的境界。

综上所述，在中国文化视域下，工匠精神中的"巧"，也就是理智与实践相结合的创造精神，是成为工匠所必须具备的职业美德。在工作过程中，我们要保持认真严谨的态度，追求技艺与产品的精益求精，从而达到一种"道技合一"的境界。

二、"双创"时代背景下工匠精神新解读

（一）"双创"时代背景

在"双创"时代背景下，继承和发扬工匠精神，有助于我国实现从制造大国向制造强国的转变。一方面，"双创"对我国经济结构的调整有着一定的促进作用，能够帮助我们获取新的发展动力，走好创新驱动发展的道路。而要想真正实现经济的可持续发展，需要有足够的市场参与者、灵活的调节机制，还要有健康的市场格局。

"双创"有助于推动全国范围内人力、物力、财力等市场要素的自由流通，还能促进体制改革的突破，进而在一定程度上改善市场经济运行效率。另一方面，"双创"也是我国社会发展践行群众路线、提升群众生活水平的必然选择。只有践行"双创"，鼓励全社会勇于发展创造，解放生产力、发展生产力，才能够最终实现共同富裕。

（二）"双创"时代背景下工匠精神新解读

1. 传统的工匠精神

从本质上来说，工匠精神是一种职业精神，是职业能力、职业品质和职业道德的集中体现。在现代社会，工匠精神有着丰富的内涵，比如敬业、专注、创新、精益求精等等。敬业，就是要对自己的工作有认真严谨的态度，绝不敷衍了事，要全身心地投入，要尽到自己的责任；所谓专注，就是要重视细节，对工作有执着的精神；创新，就是在认真、严谨、细心的基础上，追求创造性地完成工作；所谓精益求精，就是不满足于现状，对工作中的每一部分都追求完美。

2. 双创时代背景下工匠精神新解读

当前我国市场经济环境中，产品竞争面临的最严峻问题就是低价、低质，导致人们的消费需求无法被满足，进而给行业进步和技术发展造成很大困阻。随着国家对"大众创业，万众创新"的大力号召，很多人开始利用互联网进行创业，这促进了不类型创业平台的发展。《中国制造 2025》已经落实，我国当前的目标就是快速实现从制造大国到制造强国的转变，在这一过程中，企业承担着创造生产、产业设计和技术创新的重要任务。所以，在"双创"时代，我们必须积极传承和发扬工匠精神，这样才能更好地进行创新创业。

从国家的层面说，工匠精神是我国向制造强国发展的重要驱动力。在当代，工匠所代表的可贵精神历久弥新。在双创时代，我们必须要认清我国制造行业的现状，即大而不强，缺乏自主创新能力，产品质量较低等，为了改变这一现状，就要积极落实工匠精神，用工匠精神来促进我国制造行业的发展和进步。对于企业来说，双创时代的工匠精神是其发展的价值引领，企业要特别重视产品的生产质量，要精心塑造企业的品牌形象。在国际上，有很多百年老字号品牌，他们都特别重视品牌的建设与维护。而产品的质量是支持品牌的主要力量。所以，企业要想塑造知名品牌，就要积极贯彻工匠精神，将其融入产品生产的每个环节，从而提升产品质量，促进企业品牌的建设。

从个人的层面来说，履行工匠精神就是爱岗敬业、创新创业。作为创业者，必须具有创新精神，在工作上要秉持精益求精的理念，要遵循用户第一的服务原则，只有具备务实精神，具备专业技术，才有可能取得创新的成功。在双创时代背景下，履行工匠精神，需要人们在工作中认真、专著、创新、坚韧，另外，对自己的岗位要有敬畏之心，要关注细节，追求精益求精。对于创业者而言，履行工匠精神，就是坚持自己的理想，具备顽强的精神和不畏困难的勇气，要在创业过程中不断追求卓越和完美。总而言之，无论是社会的发展还是个人的发展，都不能放弃传统的精神，要刻苦钻研、细心研究，要具备敏锐的洞察力，要根据现实情况不断创新和改革，只有这样，才能取得成功。在"双创"时代，大力提倡工匠精神，有助于国家、企业和个人对当前经济形势和发展环境产生准确的认识，促使其坚持敬业、专注和创新的精神，为发展制造业、建设企业品牌和创业成功而努力奋斗。

三、动机心理学视域下工匠精神的解读

（一）动机心理学概述

动机，是指激发个体行为的一种心理倾向或者内部驱动力，它有着激活、指向、维持和调整的作用。动机心理学是心理学的一个分支，有着较强的理论性和实用性，其目的是对个体产生某种行为背后的心理动因和外部因素进行研究。围绕人产生某些行为的原因，动机心理学进行了重要区分，即内部动机和外部动机。内部动机，就是指个体对所参与的活动本身有着浓厚的兴趣，因此而产生动机，也就是说活动本身能够给个体带来满足感。外部动机则相反，它是指个体参与某项活动，并非是出于自己对活动本身的兴致，而是为了追求该活动所带来的某些结果，比如获得一些奖励，或者避免某种惩罚等。很显然，我们所讨论的工匠精神，不应该是外部动机驱动。如果一个人或一个集体，仅仅是为了获得一些利益而去工作，那么他们只需按照基本标准完成工作即可，不会秉持精益求精的信念去追求极致。当然，工匠精神也并不完全是内部动机驱动的。因为我们不可能要求或期望每个个体都是出于对工作的兴趣而参与生产劳动。这种内部动机过于理想化，可以将其当作工匠精神的完美原型，但是在工业化生产的现代社会却是不能实现的。在现实生活中，很多工作的过程中对人们并没有吸引力，甚至会遭到人们的排斥，但是人们依旧会认真地去完成工作。那么怎样才能促使人们自愿地投入到过程枯燥但意义重大的工作中呢？动机心理学中的自我决定理论从其核心概念——自主性动机为这一问题作出了解答。

（二）自我决定理论

在近几十年来的动机研究中，自我决定理论是其中非常重要的研究成果。自我决定理论在很大程度上受到人本主义心理学的影响，在该理论中，把人看作是一个积极的有机体，具备自我发展的意识，有着自我整合的潜能。但是，人的这种潜能并不是随时随地能够体现出来的，是需要环境刺激的。人与环境存在着一种辩证的关系，人不能被环境所决定，但是却会受到环境很大的影响。当环境具备某一些条件，能够满足人基本的心理需求时，人的各方面的潜能才有可能得到激发和进一步的发展。

自我决定理论对内部动机和外部动机的边界进行了重新划分，从个体心理需要的角度出发，提出了强化个体内部动机的策略。自我决定理论认为，人们可以自觉、主动地去完成某项并不具有吸引力的工作，起着决定性作用的是人们在活动中是否具有自主性。如图1所示，根据自主性的强度，自我决定理论对内、外部动机进行了重新划分[①]。

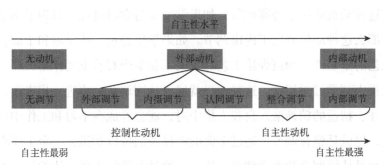

图1　自我决定理论对内部动机和外部动机的重新划分

内部动机完全是被活动本身所吸引，个体完全自主，属于内在调节，所以有着高度的自主性。外部动机是外部奖惩机制所驱动的，因此个体的自主性程度角度。还有一种比较特殊的情况，也就是无动机。无动机是指个体完全没有参与活动的兴趣。之所以会出现无动机的情况，可能是因为个体对活动过程完全不感兴趣，而且对活动的结果也没有任何兴致，也就是没有内部动机，也没有外部动机，当然，也有可能是因为个体对取得期望结果的信心较弱。比如，一名学生如果对课程内容缺乏兴趣，将来也无意从事相关工作，或者说对从事相关工作缺乏信心，

---

① Ryan, R. M., Deci, E. L. Self-determination Theory and the Facilitation of Intrinsic Motivation, Social Development, and Well-being[J].American Psychologist, 2000（1）: 68-78.

那么这名学生在该课程的学习过程中，就会处于一种无动机的状态。自我决定理论的最大贡献就是，根据自主性程度的强弱，对外部动机进行了更细致的划分。按照自主性程度从弱到强的顺序，外部动机被进一步划分为四种类型：外部调节、内摄调节、认同调节、整合调节。外部调节是外部动机的原型，个体之所以参与某项活动，是为了外部的奖惩。内摄调节即个体部分认可外在的规则，但还没有完全接受；个体参与某项活动，是为了摆脱焦虑，此时个体从事某个活动具有一定的自我卷入度。认同调节，即个体基本认可外在的规则，同时觉得自己参与的活动是有着重要价值的。整合调节，即当个体完全认可外在规则，外在规则整合进个体的自我认同时，便产生了整合调节。

（三）工匠精神的动机心理学解读

以焊接工艺为例，该课程内容十分枯燥，极少有学生对此过程产生兴致，也就是说学生对焊接工艺学习过程没有内部动机。如果他们考虑到将来的就业问题，觉得学好焊接技术能够给自己带来利益，解决生活难题，那么他们就会投入到学习过程，这种动机就属于外部调节。如果学生参与学习过程，只为了不辜负父母的期望，那么这种动机就属于内摄调节。如果学生经过一些学习和了解，认识到了焊接工艺的重要性，知道焊接工艺对我国工业生产有着重要作用，那么他们就会认真地投入到学习过程中，这种动机就属于认同调节。更进一步来说，当个体将这种专注、精益的精神融入自我人格中时，就会养成在学习和工作中认真、仔细的习惯，这就是整合调节。通过上面的解释我们可以知道，一个工匠真正需要的动机类型是认同调节和整合调节。所以，通过有效的手段，让学生对所学习的内容或工作的内容产生自主性动机，才是培养其工匠精神的重要前提。根据以上理论，我们可以对工匠精神做出新的界定，即工匠精神是自主动机的体现，是长期自主动机驱动的学习和练习培养出的专注、细致、创新的工作习惯。

四、心理学视域下工匠精神的解读

（一）"工匠精神"之认知层面

认知，就是指人对于客观事物的感觉，要想从认知层面来认识工匠精神，首先就要清楚什么是工匠。在《工匠精神读本》中，开篇就介绍说，工匠是指有技艺特长的人。比如古代的鲁班、蔡伦、毕昇，以及现代的高凤林、胡双钱，都可以称为工匠。从古至今，工匠都是一个有着较多数量的社会群体，他们潜心钻研技艺，并根据人们需求的变化不断对技艺进行改革和创新，他们对于传统文化的发展和积淀，对人类文明的进步，都做出了较大的贡献。自然所说的工匠精神，就是这些匠人们所呈现来的一种精神。

（二）"工匠精神"之情感层面

情感是一种比较特殊的认知，在最初，情感是从认知中慢慢分离出来的，最后，它又反过来促进认知的发展。那些有着工匠精神的匠人们，对自己所掌握的技艺一定有着特殊且深厚的感情。顾景舟是我国当代紫砂壶艺的泰山北斗，但他一生之中制作的紫砂壶数量却不是很多，有时候好几年才制作一批紫砂壶。这是因为紫砂壶制作的工艺十分复杂，包括设计草图、选矿、制备原料、烧制等多个环节，任何一个环节，顾景舟先生都亲自参与完成，如果制作出的成品他不甚满意，就直接销毁。在顾景舟先生看来，制壶仅靠技术是远远不够的，还要靠心境、人格，甚至是生命。由此可见，工匠精神并不仅仅是一种认识层面的观念，更是一种生命意义上的情感关怀，是一种对自己从事的事业的尊重和热爱。古今匠人们，正是因为对自己的事业有足够的热爱和尊重，所以才会不断地追求卓越，不断地追求创新发展，最终达到"技近乎道"的境界。

（三）"工匠精神"之意志层面

意志是指人们自觉克服困难的心理过程，勤劳、刻苦、毅力、奋斗都是意志一种体现。意志是一个人成长成才，取得成功的重要保证。每一位具有工匠精神的匠人，他们在打磨自身技艺，不断对产品精益求精的过程，都是以意志作为支撑的。曾以世界第一的速度试跑京沪铁路的 CRH380A 型列车，可以说是中国高铁的一张国际名片。在完成这项壮举的人中，有一个人是绝对不可忽视的，就是首席研磨师宁允展。宁允展负责的定位臂这道工序，只能依靠手工研磨，而留给手工研磨的空间只有 0.05 毫米左右，也就是相当于一根头发丝。经过十余年的实践，宁允展就在这细如发丝的空间里施展着自己的绝技。在这十多年的时间里，他遇到了很多阻碍，但是他凭着对这份事业的热情以及强烈的责任感，凭着自身强大的意志，坚持不懈地战斗在工作岗位上，解决工艺难题，努力提升产品质量。

可以说，真正的工匠精神都离不开意志层面的坚持和努力。

（四）"工匠精神"之行动层面

在前面，我们从认知、情感和意志层面对工匠精神进行了分析和解读，其中，认知针对的是"是如何"的问题，情感针对的是"应如何"的问题，意识针对的是"怎么办"的问题。如果说，认知、情感和意志是从内心层面来理解工匠精神，那么外化于行才是工匠精神真正的落脚点。工匠精神的行动层面，就是将工匠精神所蕴含的各种品质，真正贯彻在工作实践中，体现在产品的各个细节上。很多优秀的工匠，之所以得到人们的赞颂，就是因为他们通过自身的行为完美地诠释了工匠精神。纯熟的技艺是践行工匠精神的重要前提，只有通过不断地实践，才能提升技艺，作为优秀的工匠，必须要将高超的技术和工匠精神完美结合。

第三节　工匠精神的历史意义和时代价值

工匠精神是中国共产党革命精神谱系中的重要一支，在不同的历史阶段都发挥了重要作用，具有不可替代的历史地位。经过不断的传承与创新，工匠精神不仅没有过时，反而历久弥新，更加彰显着深刻的现实意义和时代价值。

一、工匠精神的历史意义

一个人要是没有精神，就很难在社会上站得住脚，一个国家要是没有精神，就很难强大起来。无论是一个国家还是民族，精神都是其生存和发展的主要动力，只有在精神上达到一定的高度，这个民族才能历经挫折而屹立不倒，才能奋勇向前，不断发展。工匠精神正是中华民族不断发展壮大的重要精神支撑。另外，工匠精神也是中国共产党人革命精神的重要组成部分，无论是革命时期、建设时期，还是在改革时期，工匠精神都发挥着重要的价值。

（一）为赢得革命胜利提供了坚实后盾

新民主主义革命时期，半殖民地半封建的中国处于内忧外患、水深火热的黑暗境地。为了推翻帝国主义、封建主义和官僚资本主义这三座大山的压迫，中国人民在中国共产党带领下英勇地开展了一系列不屈不挠的革命斗争。在此期间，工匠精神从实物形态和精神形态两个层面上为赢得革命斗争胜利提供了坚实后盾。

从实物形态来看，工匠精神为赢得革命胜利提供了坚实的物质后盾。工匠精神需要诉诸工匠这个实践主体才能发挥作用，正是在工匠精神的哺育下，产生了一批批杰出的工匠，他们无惧艰苦、爱国敬业，为革命作出了重要的贡献。一方面，在工匠精神的鼓舞之下，工匠们积极生产军需物资、支援革命斗争。毛泽东在《中国革命战争的战略问题》一文中指出："战争的胜负，主要地决定于作战双方的军事、政治、经济、自然诸条件，这是没有问题的。"①战争建立在客观的物质基础之上，而这些客观的物质基础主要是由工农来提供的，冲锋陷阵的战士背后是工农强大的支援力量。为了及时提供枪炮、弹药、梭镖、大刀、油料、军衣、军被等物资，工匠们奋战在军工、钢铁、机械、化工、纺织等各个领域，夜以继日、不辞辛苦地抓紧生产。并且，在物资相对匮乏的条件下，他们也绞尽脑汁地反复尝试各种方法来改进工艺，以节约资源、提高质量，竭尽所能地保障前线的物资供给。另一方面，在工匠精神的鼓舞之下，工匠们也积极发展根据地经济，改善群众生活。革命时期也有建设，在开展革命斗争的同时，中国共产党也领导工匠们积极进行经济建设和生产运动，制造布匹、农具、食盐、药材、货币、纸张、糖等各种日常用品，极力满足人民群众的生存需要。埃德加·斯诺于1936年造访红军在陕北的根据地时说道："在这个中世纪的世界里，突然看到了苏区的工厂，看到了机器在运转，看到了一批工人在忙碌地生产的商品和农具，确实使人感到意想不到。"②在艰苦卓绝的环境中，工匠们的这些生产在一定程度上缓解了群众的生活困难，改善了根据地的经济状况，帮助中国共产党密切了与群众的联系、赢得了民心，从而把根据地建设成为坚实的大后方。

从精神形态来看，工匠精神为赢得革命胜利提供了坚实的精神后盾。"为有牺牲多壮志，敢教日月换新天"，革命时期的无数仁人志士为了实现民族独立和人民解放，义无反顾地投身到波澜壮阔的革命斗争中，奉献自己的青春年华，展现出了伟大的革命精神。而这种革命精神具有多种表现形式，无论是在前线冲锋陷阵，还是在战后默默支援，都是在为革命斗争而鞠躬尽瘁，都是对革命精神的孕育和彰显。埃德加·斯诺在谈到苏区工人时说道："他们即使缺乏社会主义工业

① 毛泽东. 毛泽东选集第1卷［M］. 北京：人民出版社，1991.
② （美）埃德加·斯诺. 红星照耀中国［M］. 北京：人民出版社，2016.

的物质，却有社会主义工业的精神！"[1] 革命时期的工匠们树立了坚定的理想信念，对革命事业恪尽职守，充分展现出忧国忧民、克己奉公、艰苦奋斗、乐于奉献、顽强不屈等政治觉悟和革命意志。这既是工匠精神在革命年代的有力体现，也是革命精神在工业领域的集中表露。因此，可以说工匠精神丰富了革命精神的内容和形式，在精神层面有力地推动了革命斗争的发展。

（二）为社会主义建设提供了强劲动力

建设时期，新中国逐渐从一穷二白、百废待兴的困境中走出来，展开了一幅变农业国为工业国的宏大蓝图，掀起了轰轰烈烈的社会主义建设热潮，取得了诸多成就。在这个过程中，工匠精神为其提供了强劲的动力。

工匠精神激励我国独立自主地探索社会主义工业化道路。中华人民共和国成立初期，国家的工业发展受到了苏联的援助。但是，随着中苏关系的日趋紧张，1960 年苏联中断援助、撤走专家，并废除了关于经济技术合作的各项协议，加之帝国主义对中国实行封锁和孤立政策，导致我国的工业发展陷入了几乎被隔绝的恶劣态势。在这种艰难境地中，工匠精神就成为我国抗击巨大压力、推动工业发展的强劲动力。受工匠精神的激励，中国工人们直面困难、奋发图强、鼓足干劲、团结一致，更加坚定了自主探索工业化道路的决心，并勇敢地踏上了独立研究、独立制造的艰辛路途。他们凭借着高超出色的技艺与对精益求精的追求，成功克服了设备、技术、环境等种种困难和局限，取得了一个又一个新突破，从而壮大了中国力量，令世界刮目相看。

工匠精神推动社会主义工业体系的初步建立。工人是社会主义工业化建设的主力军，因此，社会主义工业体系的建立与工人们的真诚投入、与伟大的工匠精神是密不可分的。中华人民共和国成立后，工人阶级成为国家的领导阶级，虽然面临着工业落后、结构失衡的严峻挑战，但他们仍然勇敢无畏地承担起了发展工业的重担，认真贯彻党的建设路线，发挥自己的先进性，以诚实的劳动、顽强的拼搏、创新的思维、精湛的技艺，展开了可歌可泣的奋斗历程，谱写出一首首壮丽的工业史诗。工匠精神不仅促进我国新建和扩建了一批重要企业，推动了飞机、汽车、电子、石油化工、原子能、冶金、采矿等各个行业的发展，填补了很多中华人民共和国成立前缺失的空白，加强巩固了许多薄弱的环节，而且促进了工业

---

[1] （美）埃德加·斯诺. 红星照耀中国 [M]. 北京：人民出版社，2016.

产值大幅度增长（将 1965 年同 1957 年相比，全民所有制企业固定资产按原值计算，增长了 1.76 倍），初步建立起独立的比较完整的社会主义工业体系，从而为我国社会主义现代化建设奠定了一定的物质技术基础。其间，我国还制定并逐步完善了企业八级技术等级制度，一句歇后语"八级工拜师——精益求精"就可以反映出建设时期的工人们对工匠精神的执着坚守。在工匠精神引领下形成了"干一行、爱一行、钻一行"的社会风尚。建设时期涌现出了许多优秀的工匠及工匠精神，比如，倪志福展现出反复研究试验钻头的那种精益求精的工匠精神，南京长江大桥的建造者展现出奋力实现"长江天堑变通途"的那种爱国敬业的工匠精神等。在这些工匠和工匠精神的引领下，社会形成了"干一行、爱一行、钻一行"的时代风尚，各行各业的员工都受到了强烈的感召与鼓舞，纷纷展示出前所未有的建设热情，调动起巨大的积极性、主动性、创造性，全力以赴奋战在自己的工作岗位上，把青春和才能自觉地奉献到实现祖国繁荣富强的行动中。这种意气风发、积极进取的精神面貌是历史上中国人民最好的面貌之一，至今仍不断被感怀与称颂。

（三）为推进改革开放提供了有力支撑

十一届三中全会的召开，开启了我国改革开放和社会主义现代化建设的伟大征程。改革开放以来，我国解放思想、实事求是，明确提出党在社会主义初级阶段的基本路线，确定了社会主义现代化建设"三步走"发展战略，实行社会主义市场经济体制，不断坚持和发展中国特色社会主义，增强了综合国力，提升了国际地位。在这个阶段中，工匠精神为推进改革开放提供了有力的支撑。

工匠精神推动社会主义工业向市场化转型发展。改革开放之后，中国逐渐打破计划经济体制而实行社会主义市场经济体制，进一步敞开国门、扩大开放，并且由单一的公有制转变为以公有制为主体、多种所有制经济共同发展的基本经济制度。在这种利益关系深刻调整的变革进程中，匠人生动地展现出思想解放和观念革新的活跃面貌，勇于担当起推动社会主义工业向市场化转型发展的新任务，主动探索适应市场经济发展的新路径，积极重构工业发展战略，激发劳动活力，传承创新技术，促进了工业快速增长。这不仅深刻改变了中国工业的发展面貌，也对整个国际工业化进程和经济发展产生了深远影响。

工匠精神推动中国高科技产业的迅速发展。改革开放之后，党和国家的工作重心转移到经济建设上，并积极发展高科技产业。高科技产业属于知识密集型和技术密集型产业，既要求提高核心技术的自主创新能力，同时也对具体操作的精准度有着很高的标准，而这就离不开工程科技工作者们一颗颗细致专注的心了。在工匠精神的鼓舞下，工程科技工作者只问耕耘、不问收获，把使命牢牢地记在心间，默默无闻地勤劳付出，广泛吸收经验，潜心钻研技术，小心谨慎试验，认真打磨细节，推动信息技术、核工业、航天航空、高铁、生物医药、新材料、新能源等行业取得了举世瞩目的成果，扩大了我国在国际上的影响力。以高铁的修建为例，在工匠精神的支撑下，自 20 世纪 90 年代起，我国对高铁进行了一系列科学研究与技术攻关。2002 年 12 月，中国自己研究、设计、施工、目标速度 200 千米 / 小时的第一条铁路客运专线—秦沈客运专线建成；2008 年中国开通运营了第一条 350 千米 / 小时的高速铁路—京津城际铁路；发展到 2012 年，我国投产高铁新线共 2722.5 千米，哈大、京石武、合蚌等高铁开通运营，具有世界先进水平。工匠精神推动中国成为名副其实的世界工厂。改革开放以后，中国工业逐渐走出国门，不断增加出口，尤其是 2001 年中国正式加入世界贸易组织后，更加扩大了开放程度。从中国出口额占世界出口总额的比重来看，呈现出逐年递增的趋势，而其中主要的出口额是由工业制成品贡献的；从中国工业制成品的出口值与进口值的比较来看，从 20 世纪 90 年代中期开始，出口值不仅高于进口值，而且二者的差距越来越大；从中国企业发展的情况来看，中国企业不仅出口产品，还到其他国家投资建厂，特别是进入 21 世纪之后，走出国门的企业越来越多。这些发展情况表明，中国已经成为名副其实的世界工厂。那么，在非常激烈的国际竞争中，中国何以能够脱颖而出呢？其原因就在于我国具有强大的制造能力。而如此强大的制造能力，是由无数爱国敬业的工匠们支撑的，是由工匠们不断勇于创新、改进技术、降低成本、精益求精的实践支撑的，是由强大的工匠精神支撑的。

二、工匠精神的时代价值

近些年来，中国致力于铁路建设，中国的铁路已经走出了国门，在世界上得到广泛的认可。同时，也有很多中国企业的产品，在全球范围内都十分畅销，这些都是我国新时代"工匠精神"的代表。工匠精神一直改变着世界，促进着国家向前进步，同时在整个人类文明发展进程中也发挥着重要作用。

（一）工匠精神在国家层面的价值意蕴

中华民族的百年奋斗史，充分体现了中华儿女的初心与使命，也体现了中华儿女砥砺前行的奋斗精神，同时也说明，一个国家是否能富强，取决于其制造业的发展程度。改革开放以来，中国也加入了世界发展的潮流，在经济全球化背景下，中国的制造业得到大力发展。大型飞机、载人航天，以及中国铁路，体现了中国科学技术发展的重大成就，也在一定程度上体现着中国的综合国力，并使"中国制造"广为人知。但是，中国的制造业还有大而不强的特点。在新时代，要想真正提升中国在国际上的影响力和竞争力，首先需要中国制造转型升级，而要做到这一点，则必须将工匠精神作为价值引领和精神支撑。

1. 有利于推动供给侧结构性改革

随着改革开放的推进，社会经济得到迅速发展，人们的生活水平也随之提升，进而导致人们的消费需求产生变化。慢慢地，人们的消费需求从追求温饱过渡到追求品质，也就是说，人们不再局限于对物质生活的追求，而是开始追求精神的享受，在消费过程中，更加关注产品的品质。中国虽然是公认的制造大国，有着"世界工厂"的称号，但是在消费市场上，却存在着供给失衡的状况，有一些行业产能严重过剩，与此同时一些高端的产品却需要依赖进口，导致购买力外流。中国居民出境消费之高让世人震惊，国人大量购买国外产品，直接导致国内市场产品的滞销，导致供给和需求失去平衡。总之，我国并不是需求不足，或者没有需求，而是需求发生了变化，但供给的产品却没变，产品质量和服务不能满足人们的需求。必须促进供给侧结构性改革，将工匠精神深度融入制造业中。促进供给侧结构性改革的主要渠道就是改善服务质量，提升产品品质，工匠精神的主要内涵是严谨专注、精益求精，这与供给侧结构性改革的目标相一致。工匠精神中包含的爱岗敬业与无私奉献的精神品质，有助于唤起劳动者参与工作的热情，发挥劳动者的主观能动性。另外，工匠精神强调严谨专注和精益求精，这能够促使劳动者在工作实践过程中，养成认真谨慎、追求卓越的良好习惯，这是制造优质产品的重要前提。并且，工匠精神注重求实创新，这有助于从业者在工作过程中不断创新，不断提升产品品质，最终塑造自己的特色品牌。

2. 有利于增强自主创新能力

在改革开放的浪潮下，中国制造业的规模越来越大，数量也越来越多，涌现出很多较强的企业。要想实现"制造大国"向"制造强国"的转变，我国企业必须将创新作为最基本的价值观和发展导向。习近平总书记指出"把制造业搞上去，创新驱动发展是核心。"① 这充分说明，中国制造转型升级的根本就在于创新能力。

创新是工匠精神最为可贵的品质，在当今时代，科技发展迅速，制造业领域对产品科技化、品质化的要求越来越高，在这样的形势下，以精益求精、求实创新为核心的工匠精神得到人们广泛的关注。在制造业领域，注重工匠精神的继承与发扬，可以促使劳动者在工作实践中，将工匠精神内化为劳动者的工作准则，使他们能够以认真的态度、纯熟的技术积极参与工作。并促使劳动者将工匠精神外化为工作行为，能够将自己在学习过程中掌握的知识和技术融入到劳动中，从而产出高质量产品，提升中国制造的国际影响力。

3. 有利于推动企业发展壮大

在经济全球化的浪潮中，资本、技术等重要生产要素在全球范围内迅速流动，在制造业方面，各个国家之间的竞争也越发激烈。有一小部分企业凭借先进的技术来超越其他企业，但是，在全球化的发展趋势下，很多企业通过合作或转让等方式，使得一些先进技术得以流动，进而导致企业之间的技术差距越来越小。在技术差距缩小的情况下，决定产品质量的就不仅仅是技术因素，而更多地取决于企业研制产品的态度，也就是说企业能否深度落实工匠精神，决定着产品质量的好坏。

在三十多年的发展进程中，华为从一个小公司成长为如今的知名企业，所凭借的，就是华为人的工匠精神。华为的工作者，将打造高质量产品，提升自身研究能力，作为最高理想，这使他们在国际竞争中能够突出重围，赢得广泛的认可，成为中国制造在国际上的知名品牌。企业所生产的产品，是一种有形资产，它使企业获得直接的利益，但是，这些产品所彰显的工匠精神，是一种无形的资产，正是这种无形的资产，提升了企业的竞争力，塑造了企业的信誉、职业素养，促使企业产出高质量的产品，从而使全世界的消费者都能信赖"中国制造"。此外，工匠精神中的精益求精，促使劳动者在生产工作中认真严谨，不断追求技术创新，

① 习近平长春考察聚焦国有企业 [EB/OL].http：//politics.people.com.cn/n/2015/0717/c70731-273227 59.html..

重视产品品质，这使企业和社会之间达成一种契约，企业认真研发产品，并非为了跟其他商家打价格战，而是因为他们注重消费者体验，注重企业形象的维护。这使一些具有竞争力的企业，能够充分利用自身优势，不断追求卓越，从而向世界一流企业发展进步。

（二）工匠精神在社会层面的价值意蕴

1. 彰显社会主义核心价值观的价值取向

《中共中央国务院关于表彰改革开放杰出贡献人员的决定》表彰获奖人员并赞扬这些杰出人员对改革开放所做出的巨大贡献的肯定，也是对他们带头把工匠精神与践行社会主义核心价值观相结合的高度肯定。这体现了工匠精神是践行社会主义核心价值观的具体实践。工匠精神落在个人层面上表现为爱岗敬业、精益求精，是劳动者职业道德的具体表现，这与社会主义核心价值观在个人层面所倡导"爱国、敬业、诚信、友善"的价值取向高度一致。我们所熟知的一些能工巧匠，他们身上都具备典型的"爱国、敬业、诚信、友善"等精神气质。

具有工匠精神的匠人们，在创造产品的过程中，始终都展示着自己的职业素养。这其中，爱国情怀是他们劳动实践中的主要力量支撑。敬业是中华民族的传统美德，它表现在匠人们对产品质量精益求精的追求，同时也是人们在社会层面所构建的一种职业理念。工匠精神在工作实践中的体现，不仅仅是认真严谨的工作态度，更是不断创新的思维方式，这些都是一个工匠能够在自己的领域取得长久发展的根本素质，也是促进社会和谐发展的重要推力。弘扬工匠精神，有助于建立人与人之间的信任，工匠精神所强调的严谨、精益求精，是工作者的自我要求，也是对自己产品品质的保证。友善是社会主义核心价值观对个人提出的要求，要求我们在工作中要关爱身边同事，要互相帮助共同提升。一个具备新时代工匠精神的人，不会因为物质利益而跟同行进行非良性竞争，他们能够团结友爱，共同追求卓越发展。

培育和践行核心价值观不能仅仅停留在理论层面，需要在实践中发展。党的十九大报告提出要培育和践行社会主义核心价值观，并把它融入社会发展中的方方面面，从而转化为人们的情感认同和行为习惯。工匠精神则是推动核心价值观发展的有效载体。广大劳动者在日常工作中以工匠精神的优秀品质要求自己，在无形中落实社会主义核心价值观。

2. 营造尊重劳动的社会氛围

党的十八大以来，习近平总书记多次强调要尊重劳动的价值，"劳动创造了中华民族，造就了中华民族的辉煌历史，也必将创造出中华民族的光明未来。"[①]由此可见，尊重劳动有着非常重要的意义。《大国工匠》的上映，让广大群众看到了工匠背后的一面。匠人们在劳动过程中，将刻苦、钻研、严谨等精神体现得淋漓尽致，他们阐释了什么是真正的工匠精神。现如今，我国社会上对劳模精神十分推崇，这一精神的主体是劳模，也就是一个行业中比较杰出的劳动者，他们是大众学习的典范。劳模是广大劳动者的榜样，他们能够促使劳动者们不断提升自己，积极向榜样学习，能够在劳动实践中认真落实工匠精神，从而树立劳动光荣的新风尚。并且，在劳动模范的榜样作用下，人们一方面会积极学习他人的优秀品质，另一方面会不断提升对自己的要求，在工作实践中不断挑战自我、超越自我，从而在社会上营造积极向上、追求卓越的劳动氛围，让社会大众对劳动者产生更新、更好的印象，使创造社会财富的源泉永不枯竭。

说到工匠精神，很多人会以为工匠精神是指一个人具备炉火纯青的技术。但实际上，工匠精神更多地是指劳动者对自己工作的热情，以及在工作中体现出的积极的态度和高尚的品质。工匠们对自己从事的工作有着极高的尊重，因此能够认真对待工作，能够精益求精。加强对工匠精神的继承和弘扬，能够在社会层面上营造敬业的风气，让精益求精成为每个行业共同的价值追求。这有助于改善社会上轻视劳动的现象，在社会层面上构建尊重劳动、尊重工匠、尊重人才的良好氛围，促使广大劳动者积极投入到社会主义建设之中，助力中国梦的实现。

3. 重塑社会成员良好道德品质新风尚

我国的很多学者一直认为，要想实现中华民族伟大复兴的中国梦，就必须要秉持工匠精神。因为工匠精神内涵丰富，它体现着中华民族的传统美德，比如认真严谨、自强不息、追求创新、勤劳勇敢等，在现代社会发展中，这些精神有着强大的民族凝聚力和时代感召力。在长期的发展实践中，工匠精神已经成为一种良好的社会道德，成为一种强大的民族精神力量。习近平总书记在参加全国政协十三届二次会议文化艺术界、社会科学界委员联组会时，曾指出："要坚守高尚职业道德，多下苦功、多练真功，做到勤业精业。"[②]高尚的职业道德、勤业精业的

---

① 习近平谈治国理政（第 1 卷）[M]. 北京：外文出版社，2017：46.
② 习近平. 一个国家、一个民族不能没有灵魂 [J]. 社会主义论坛，2019（05）：4-5.

工作理念，不仅是文艺工作者需要具备的，也是其他每一位劳动必须追求的。在改革开放的进程中，我国各方面发展取得了优异的成绩，我国人民从站起来，发展到富起来，最后再到强起来，实现了历史性的飞跃，但是，强起来的不仅仅是物质财务，更是我们的文明和精神。

提到工匠精神，我们常常能想到物质生产，认为工匠精神就是要不断提高物质生产的质量，但事实上并不仅限于此，工匠精神还包括对道德品质的追求。工匠精神是一种劳动精神，同时也是人人都应追求的职业道德。在以前的工业生产中，劳动者们以提升产量为目标，过于重视生产的数量，而对质量没有给予足够的关注。而随着社会的发展，消费者们越来越看重产品的质量，所以，在新时代，我们必须重视工匠精神的继承和弘扬，在工业生产中要把产品质量放在首要位置，工匠们所体现出的价值，也要以产品质量的优劣为衡量标准。这种新的工作理念和职业道德风尚，能够有效促进产品质量的提升，促进工业生产技术的创新和进步，最终能够在社会层面上形成追求工匠精神的良好风气。在这样的工作氛围下，工匠们不仅能够通过自己的劳动获得丰厚的物质报酬，而且还能够得到大众的认可和赞扬，从而提升心理满足感，这是物质财富无法代替的。

当前，工匠精神在社会层面上赢得了广泛的认同，因为在实践过程中，工匠精神符合社会发展需要，也符合个人发展需要。随着物质经济的快速发展，有些人的金钱观在不断变化，一些人在物质利益的诱惑下，急于求成，在工作上投机取巧，使整个社会的风气十分浮躁。而工匠精神强调的是一种踏实、严谨的工作态度，强调的是精益求精的工作追求，如果想要在社会上树立崇尚劳动的新风尚，那么工匠精神是必不可少的。加强工匠精神的弘扬与培育，深化人们对工匠精神的认识，能够提醒人们静下心来，潜心钻研技术，保持严谨稳重的作风，保持工作的热情。各行各业都能够积极学习和传承工匠精神，那么社会上浮躁的风气就能够得到纠正，有助于引导人们树立正确的价值观，从而构建良好的社会道德新风尚。

（三）工匠精神在文化层面的价值意蕴

1. 是文化自信的重要来源

（1）工匠精神是中华优秀传统文化的重要内容和精彩呈现

中华民族在几千年的发展过程中，积累了丰富的优秀传统文化，也孕育了很多宝贵的精神文化，其中对社会发展产生重要影响的，便是"工匠精神"。翻阅中国古代典籍，我们能够看到很多闪耀的名字，有"造车鼻祖"奚仲、"工匠祖师"鲁班、"中华科圣"墨子等等，他们都有着求新求变的精神，有着炉火纯青的技艺，他们对社会的生产做出了卓越的贡献，正是他们这样一群人，构成了一个中国历史上独特的群体——工匠。他们以自己崇高的工作理念和理想追求积极投入社会劳动，构建了中华民族伟大的工匠文化。在这样的环境下，工匠精神得以发展壮大，成为中华优秀传统文化中不可忽视的一部分。从古代精美的陶器、玉器，以及精致的手工艺品，我们可以看到工匠精神的伟大成果，感受到中华文明的魅力。这些重要的成果是中国工匠文化在世界文化多样性中最具国家文化意义的特征与代表，它所蕴含的历史文化，是中华儿女坚定文化自信的底气。

（2）工匠精神在传统文化的基础上创新发展，成为社会主义先进文化的一部分

在社会发展历程中，工匠精神不仅需要传承，还需要根据时代发展需求而不断创新。我们必须要意识到，我们即将迎来新一轮的科技革命和产业革命，全球化、数字化、智能化时代已经向我们走来，在这样的形势下，我国要想实现从制造业大国向制造业强国的转变，就必须秉持新时代的"工匠精神"。它同样有着丰富的内涵，不仅有爱岗敬业的工作态度，精益求精的职业追求，而且在工作中，要有专注的品质，有守正创新的精神。中国"天眼"、北斗卫星导航系统等中国科技发展的最新成就，有力彰显了当代中国工匠精神，有效增强了国民的文化自信。新时代工匠精神中所包括的爱岗、守信、合作等精神，跟社会主义核心价值观有着高度的契合性。所以，工匠精神已经成为社会主义先进文化的重要组成元素，这说明工匠精神在每个时代都有其重要价值，在整个历史进程中都散发独特魅力。

2. 是当代民族精神的重要组成部分

中华民族精神体现在各民族的生活方式、理想信仰和价值观念等方面，在不同的时代，中华民族精神有着不同的内容和表现形式。随着社会的发展，工匠精神越来越深地融入人们的思想和生活中，这对中华民族精神的塑造有着重要的影响，也体现了当代民族精神的重要内容。

（1）工匠精神体现了当代民族精神的核心——爱国主义传统

传统的工匠精神强调"正德""利用""厚生"。所谓"厚生"，是指工匠的劳

动要以治国和给人民带来利益为目标，比如墨家的科学技术实践主要是为了兴利除害，这体现了墨家爱国为民的思想。现代工匠精神的爱国情怀在"厚生"的基础上不断拓展，比如大庆精神、"两弹一星"精神等，不仅是工匠精神的当代体现，同时也体现了奉献国家和社会、为中国发展而努力奋斗的新时代爱国精神。特别是在中国从制造大国向制造强国转型的关键时期，加强工匠精神的弘扬和培育，努力打造中国品牌，推动经济转型，这就是爱国主义最好的体现。

（2）工匠精神体现了中华民族的伟大创造精神

《考工记》中记述了春秋战国时期官营手工业各工种规范和制造工艺，其中有这样的记录："知者创物，巧者述之守之，世谓之工。百工之事，皆圣人之作也。"其中，"创物"代表了一种开创的精神，"创物"的百工被称为圣人，这充分说明了创造精神在工匠精神中的重要地位。中国创造的丝绸、陶瓷，以及历史上杰出工匠的各种伟大发明，都体现了我国工匠的创造精神和智慧。在现代社会，创造精神更受重视。比如，具有完全自主知识产权的中国标准动车组"复兴号"便是当代工匠精神的完美体现，也是"中国创造"的典型代表。在新时代，创新精神是社会发展的主要动力，也是社会不断进步的必要条件，在政府工作报告中，李克强总理强调"鼓励企业开展个性化定制、柔性化生产，培育精益求精的工匠精神，增品种、提品质、创品牌"。其中，"个性化""创品牌"这两个关键性词汇，都是在强调创造精神。总而言之，在现代社会背景下，工匠精神的主要内涵之一就是创新创造，这也是民族精神的重要组成元素。

（3）工匠精神体现了中华民族的伟大奋斗精神

在几千年的发展历程中，无论遇到怎样困难和挫折，中华民族始终百折不挠、坚韧不屈，塑造了自强不息、艰苦奋斗的伟大民族精神。作为中华民族精神内核之一的工匠精神，强调的是劳动者对职业由衷的热爱和敬畏，以及为了实现职业追求而不断努力奋斗。纵观中华民族奋斗史，一代一代的劳动人民始终秉持着艰苦奋斗的优良传统，以锲而不舍的精神塑造了劳动者伟岸的身影。南北朝的綦毋怀文，广泛借鉴历代炼钢工匠的冶炼技术，经过长期的刻苦钻研，终于在炼钢技术上取得重大突破，为我国冶金技术的发展做出了卓越贡献，促进了社会生产的进步。要想练成高超的技艺，工匠们必须要付出长时间的努力，要经历千锤百炼，而支撑工匠们走过这一艰难历程的，就是执着的奋斗精神。几千年来，中华民族屹立不倒，成为世界民族之林中一颗闪耀的明星，这离不开历代劳动者的艰苦奋斗，他们百折不挠的斗志就是对工匠精神最好的诠释，也是中华民族伟大奋斗精神的体现。

（4）工匠精神体现了中华民族的伟大梦想精神

在几千年的发展历程中，中华民族一面脚踏实地地奋斗，秉持勤劳刻苦的精神，一面有着更高的理想追求。追求伟大的梦想，是每一个中华儿女内心的呼唤，这种理想信念已经深深地刻了中华文明的基因里。从盘古开天、神农尝草、夸父追日等古代神话传说中，我们能够看到中华儿女的梦想和追求，看到他们探索宇宙、与自然作斗争的勇气和魄力。尽管时代在变化，但中华民族的梦想却代代传承，它超越了时空，有着十分强大的生命力。在追梦的过程中，涌现了很多做出卓越贡献人物。如，古代伟大的发明家鲁班，他研制的木雀，体现了中国人的飞天梦，他发明的铁锯、斧头、曲尺等，给人们的生产生活带来了极大便利，体现了造福人类的梦想；工匠大师的一代领袖墨子，其毕生追求构建和谐社会等。当然，工匠精神内涵丰富，除了体现中华民族的"伟大创造精神""伟大奋斗精神""伟大梦想精神"，还体现了中华民族实事求是的科学精神、舍生忘死的牺牲精神、敬老尊贤的伦理精神、追求和谐的和合精神等等。

3. 是企业文化和职业院校校园文化的精髓和灵魂

文化意识是现代文化素质的核心层次，它深刻而长远地影响着人的思维和行为。随着制造业的快速发展和企业转型升级的需要，社会对技能型人才的需求越来越大，而作为技能型人才，必须具备工匠精神。因此，作为技能型人才的主要培养阵地，职业院校和一些企业，要加强对学生或劳动者工匠精神的培育。随着工匠精神的重要性日益提升，工匠精神也逐步成为企业文化和职业院校校园文化的精髓和灵魂。

（1）工匠精神是企业文化的精髓

企业文化，是企业在长时间的生产经营过程中，所形成的符合本企业特征的精神，其中，企业精神文化是企业文化的核心。在现代社会，企业之间的竞争更多地体现在文化方面，一个企业要想在长期的竞争中站稳，并取得优异成绩，就必须要具备有一定竞争力的企业精神文化，这是企业得以生存发展的力量之源。

从个体的角度来说，在工作中，要热爱自己的岗位，对自己的工作要有敬畏之心，要有谨慎、负责的端正态度，另外，在细节上要精益求精。从企业的角度来说，首先不能好高骛远，要踏踏实实，加强技术改进，不断提升产品和服务质量，争取给社会提供良好的产品和服务体验。这些个体和企业所需要的精神和品质，就是对工匠精神的最好诠释。所以我们认为，给企业文化建设提供重要力量支撑的，就是工匠精神，它是企业文化的精髓。企业在发展过程中，要加强对工作者的教育和引导，培养其工匠精神，并促使工作者将工匠精神内化于心、外化于行，争取孕育优良的企业文化基因，促进企业持续发展。

（2）工匠精神是职业院校校园文化的特征和灵魂

校园是培育人才的重要基地，校园文化是社会整体文化的重要组成元素。从本质上来说，校园文化是一个学校特有的精神环境以及文化氛围，属于一种群体文化。校园文化有着丰富的内涵，它包括学校在发展过程中逐渐形成的价值观、校风校纪、传统习惯等，它的主要目的就是服务于学校的人才培养。

职业院校的办学宗旨是依托于行业，服务于行业，根据社会发展需求。培养具有较高综合能力和较高职业素养的人才。正因如此，职业院校在建设校园文化的过程中，都着眼于职业发展和职业教育，所以职业院校文化中，包含了技术理想、技术道德、技术素养等具有职业院校特色的内容。而工匠精神所强调的精益求精、德技兼具、爱岗敬业等品质，跟职业院校的人才培养目标有着较高的契合性，跟校园文化建设目标也十分相近。在当前时代背景下，我国对技术进步、制造业转型的呼吁越来越高，工匠精神则越来越深地融入职业院校发展的各方面中，并跟职业院校校园文化建设进行了有机结合，成为教师和学生思想及行为的重要导向，打造了职业院校独具特色的文化名片，并使职业教育具有了更厚重的人文内涵，成为职业院校校园文化的精髓。

（四）工匠精神在企业层面的价值意蕴

国际品牌形象是指在国际市场上，一国企业所提供的产品和服务，在满足消费者需求方面所形成的一种共同认识。一个品牌从默默无闻到在国际上享有盛名，决定这一转变过程的重要因素就是产品和服务的特征以及品质。一个品牌能够成为国际品牌，说明该企业所提供的产品和服务已经涉及全球范围内的相关行业领域，并且在相关领域中，处于领先地位。拥有国际品牌形象的企业，可以获得高额的产品或服务附加值，从而可以利用更多优势，创造更大的企业价值。中国是世界第二大经济体，是第一制造业大国，但在国际上，很多中国制造的商品利润很低。在新时代，要想参与国际市场竞争，并取得优异成绩，首先就要致力于打造"中国制造"国际品牌形象。要想打造能够在国际上享有盛名的品牌，就必须要秉持"工匠精神"。一些"中国制造"在国际市场上没有较强的竞争力，其根本原因就是，这些企业在发展过程中并没有很好地贯彻工匠精神，企业劳动者也缺乏工匠精神必备的一些素质。随着时代的发展，社会对人才的需求趋向多层次化，需要各行各业优秀的匠人们。要想打造更加良好的品牌形象，企业必须在产品生产的每个过程中，都深度贯彻工匠精神，要保证做到认真严谨、精益求精，追求完美的品质，推动产品和服务实现质变。劳动者在工作中要脚踏实地，要有认真严谨的工作态度，要不断追求更好的质量；要不断创新技术，促进产品升级，只有这样，才能改变一些企业长久以来中国制造给人们留下的低价低质的负面印象，才能让更多中国制造走出国门，成为国际上具有影响力的优秀品牌。

（五）工匠精神在个人层面的价值意蕴

1. 助力培养高素质劳动者

社会上的物质财富和精神财富，是由人民群众创造的。在社会主义新时代，为了实现两个一百年奋斗目标、中华民族伟大复兴的中国梦，同样也不能离开广大劳动人民的创造。因为，在新时代，我们必须要加强教育，争取培养更多具有较高能力和素质的劳动者。党的十八大以来，我国非常重视产业工人队伍的建设，中共中央、国务院印发的《新时期产业工人队伍建设改革方案》指出"产业工人是工人阶级中发挥支撑作用的主体力量，是创造社会财富的中坚力量，是创新驱动发展的骨干力量，是实施制造强国战略的有生力量。"[1] 在社会发展进程中，产业工人将发挥重要的作用，因此，我们必须加强对劳动者的教育和指导，提升其职业素养。在当今社会，随着生产力的提升，科学技术得到飞速发展，在这样的背景下，具有工匠精神的劳动者无疑是社会发展进步的中流砥柱。

工匠精神是中华民族精神的重要组成元素，它所包含的内容，对个人发展和社会发展都意义重大，因此，继承和发扬工匠精神，是提升劳动者素质的重要举

---

[1] 中共中央、国务院印发《新时期产业工人队伍建设改革方案》[EB/OL].http：//www.gov.cn/zhengce/2017-06/19/content_5203750.htm.

措，是为中国经济发展培养优质队伍的必经之路。工匠精神首先强调爱岗敬业，追求卓越的职业理想，这能够使劳动者的职业认同感得到进一步的强化，能够促使劳动者积极承担自己的使命，并为了达成使命而积极奉献。工匠精神有助于建立劳动者的劳动自信，促使他们自觉学习新知识，接受再教育，不断提升自身技能，不断创新生产技术，并使他们树立崇高的理想追求。《大国工匠》的播出，让高凤林等很多对社会建设有突出贡献的优秀工匠被世人认识。在焊接技术方面，我国有很多技术高超的工匠，但是，像高凤林这样，能够对产品仔细打磨，不断地追求高品质的工匠却很少。大国工匠们之所以能够得到人们的敬仰和赞颂，不仅仅是因为他们具有丰富的知识、纯熟的技术，更是因为他们有着高尚的职业道德，他们对于自己的工作有着更高的价值追求。大国工匠们所创造出的产品，体现了他们自身的优秀品质。劳动者将自己认真严谨、追求卓越的理想和精神，深度融入工作过程中，体现在产品的每一个细节上。经过长时间的磨炼，他们所具备的工匠精神的珍贵品质，就会跟他们所掌握的技艺完美地融合在一起。总而言之，在社会层面上通过有效的手段，大力弘扬工匠精神，有助于培养劳动者较高的职业素养，促使劳动者全面发展。

2. 促进主体价值的实现

在时代发展的浪潮下，科学技术飞跃进步，社会生产力也大大提升，人们的生活水平得到了改善，社会经济发展呈现良好态势。工匠们在自己的工作中有很大的自主性，所以，他们可以自觉地在工作中不断学习、不断进步，在劳动实践中，能够充分发展自己的各方面能力，提升自己的技术，发挥自己的价值。真正的工匠首先要保证精神的自由，在此基础上，他们出于对个人的职业操守以及对职业理想的追求，不断地钻研技术、打磨产品，不断提升产品品质，最终实现自己的人生价值。

工匠精神有利于自我价值的实现。自我价值，就是个体在参与社会实践过程中所做出的贡献，而后人们对个体给予的肯定。随着社会的发展，人们对工作价值的追求不再停留在满足物质需求这一层面上，而是追求自我价值的实现。工匠精神包含着敬业、专注、严谨、创新等很多美好的品质，这些品质体现现代劳动者应有的职业追求，它促使劳动者在从事生产工作时，积极投入热情和精力，保持良好的态度，在这样的氛围下，工作就不再是枯燥的重复劳动，而是劳动者获取快乐、获取自我成长、获取心理满足感的重要途径。对具备工匠精神的劳动者而言，他们往往借助于产品来表达自己的思想和内心追求，他们根据自己的意志，给产品塑造灵魂，通过产品这个客观载体，表达自己的主观意识。此外，得到尊严，得到别人的认可，这是每个人与生俱来的心理需求。但是，在现实中，人们对一些职业的认识产生了偏差，使得一些劳动者即便付出了很多努力，也没能够得到应有的待遇。而加强工匠精神的弘扬和培育，有助于人们对各种职业产生正确的认识，同时也能督促劳动者认真参与工作实践，保持积极向上的工作态度，不断追求卓越，在自己岗位上做出最好的成绩，从而赢得社会和他人的尊重、认可。近些年来，国家大力弘扬劳模精神，大力宣传劳动模范的光辉事迹，让他们在平凡岗位上做出的不平凡事迹，取得的不平凡成绩，能够被世人所知，使他们得到相应的回报，同时也给广大劳动人民树立典范，在社会上营造良好的劳动氛围。

工匠精神有利于主体社会价值的实现。社会价值，是指人在社会实践过程中为社会所做的贡献以及承担的责任。劳动是人类得以生存和不断发展的必要条件，一个人通过劳动创造的物质或精神财富，体现着他对社会所做的贡献，也体现着他的自我价值。一方面，工匠精神属于一种精神层面的力量，强调敬业、专注、精益求精，督促着个体认真地做好本职工作，在劳动中实现社会价值。而个体要想实现更大的价值，就必须不断学习，努力提升自己各方面的能力和素质，同时要坚定崇高的理想信念。一般来说，具有多方面的能力，人们就更容易适应多变的环境，就更容易解决工作中的难题，而工匠精神的培育，有助于人们改正工作中的不良习惯，坚定人生理想信念。我国著名匠人高凤林，他最突出的成就之一就是给火箭焊接"心脏"，面对巨额财富的诱惑，他的信念毫不动摇，他用自己的行为和成绩对大国工匠的高尚品质做出了诠释。他有满腔的爱国情怀，满腔的强国热血，他把自己奉献在祖国需要的地方，对社会做出了卓越贡献，从而也发挥了自己的人生价值。另一方面，工匠精神所包含的精神价值也可以转化为物质力量。当劳动者真正认识到工匠精神的内涵，并真正认同和掌握工匠精神的价值理念，那么他们就会将工匠精神进行内化，使其融入自己的品格和能力中，从而提高工作效率，创造出更有价值的劳动成果，为社会做出更大的贡献，实现自己的人生价值。

第二章 工匠精神的内涵

本章为工匠精神的内涵，主要从工匠精神的四个主要的内涵进行分析，依次是工匠精神之敬业、工匠精神之专注、工匠精神之精准、工匠精神之创新。

第一节 工匠精神之敬业

爱国敬业、心无旁骛是工匠精神的核心价值要求，是工匠精神的力量来源。在社会发展过程中，每个在本行业作出过突出贡献的劳动者无不怀着一颗报国的真心，带着敬业的真情，而爱国敬业、心无旁骛的精神也激励着他们取得更大的进步。在生产和生活实践中，每个劳动者都应立足自身的工作岗位，服务人民、服务社会，为国家发展乃至人类社会的发展作出自己的贡献。爱国敬业要求劳动者要真情投入，投入对国家、人民和自己的职业中，以崇高的责任感激励自己去"匠造"更优秀的产品，创造更多、更大的社会价值，以饱满的真情来展现对社会的热爱。

"敬"这个概念最早的起源可以追溯到远古时期部落先民们的宗教祭祀仪式，所以这个字早期含有对神灵或先人（的魂灵）表达敬畏、虔诚供奉的意义。《诗经·豳风·七月》有云："二之日凿冰冲冲，三之日纳于凌阴，四之日其蚤，献羔祭韭。"这就是对当时祭祀神鬼场面的描写。至于祭祀先祖宗庙的诗歌就更多了："闷宫有侐，实实枚枚。"（《闷宫》）"有来雝雝，至止肃肃。相维辟公，天子穆穆。"（《雍》）至春秋战国时期，人们（尤其是统治阶层与士大夫）越来越看重"敬"的品质，将其视作品质检验的重要标准之一。如经典的《论语·为政》篇中提道："子游问孝。子曰：'今之孝者，是谓能养。至于犬马，皆能有养。不敬，何以别乎？'"先人们将"敬"视作"吉德"的一种，与"孝""忠""信"并举。具体来讲，就是一个人在日常生活中应当做到处事严肃、一丝不苟，待人接物都要有足够端正的举止和庄重的态度，这不仅是为了面对学习和工作，更是为了向人表达礼仪和尊重。而在职业生活中，敬德可以等同于敬业精神。

敬业精神在工匠身上体现为其对自身所承担的责任以及整个所在行业价值的认同、尊重甚至是推崇。工匠对自身付出努力的职业产生的真切之爱和职业信仰是非常宝贵的精神，这种精神的价值远远不是职业给予工匠的物质利益能够相比的。对工匠这一群体而言，唯有能够忍耐岗位上的寂寞、抵御外在的花花世界的诱惑，才能称得上真正敬业的匠人。要达到这样的精神境界，工匠必然是全身心投入到工作之中，不为外界的嘈杂和内心的顾虑所动摇，将从事的职业升华为毕生的事业。以日本有名的"匠人精神"为例，许多继承历史悠久企业的人都热爱着祖传的技艺并致力于令其长久流传，将发扬家业事业视为无上的光荣。这些人在从事工作时，首先并不考虑其能够带来的经济利益，而是将职业价值考量放在第一位。而在我国的各行各业当中，也涌现出许许多多视职业为终身事业的、以平凡造就伟大的工匠，高尖端行业尤其如此。如中国船舶重工集团公司第七〇二研究所水下工程研究开发部职工、蛟龙号载人潜水器首席装配钳工技师顾秋亮。

顾秋亮同志从 1972 年起在中国船舶重工集团公司第七〇二研究所工作，在钳工安装及科研试验工作方面兢兢业业地工作了 43 年，总共参加和主持了数十项机械加工和大型工程项目的安装调试工作，是一名安装经验丰富、技术水平过硬的钳工技师。他能把中国载人潜水器的组装做到精密度达到"丝"级。哪怕是在颠簸摇曳的海面上工作，他也能够凭借纯手工的打磨技术，将潜水器密封面平面度精准无误地控制在两丝以内，正是因为这样的成就，顾秋亮被大家敬称为"顾两丝"。

像顾秋亮一样的平凡工人，既没有光彩照人的高端学历，也没有惊世骇俗的奇绝天赋，然而这些人都有一个共同特点，就是无怨无悔地秉持着持之以恒的刻苦奋斗精神，坚守本职工作，在本职岗位上将自己的能力发挥到至臻与完美的程度。他们在工作中不会忽视任何一个片段和细节，即使是再微不足道的工作程序，也会亲力亲为，不出现一丝马虎。无论工作内容多么艰苦，职业生涯多么枯燥，劳动代价多么沉重，真正的匠人都不会有任何怨言，他们往往从平凡小事入手，像螺丝钉一样坚守自己的岗位，致力于在最普通的职业技能中求发展、求突破。炉火纯青的技术与爱岗敬业、无私奉献的精神汇集于一身，造就了为千千万万人所歌颂的"德技双馨"楷模，使社会各界的见证者都为之叹服与感动。这种持之以恒、精益求精、不畏艰苦、奉献自我的精神品质就是当今时代下"工匠精神"的最完美的诠释。

一、敬业的内涵与扩展

（一）工匠具有爱岗的品质

爱岗的内涵如其字面表达的一样，意味着工匠对自己的工作岗位抱有诚挚的热爱，人要想获得生存资料，在社会牢固立足、长远地生存和发展，就必须拥有一个稳定的工作、身居一个可靠的岗位。但是岗位的意义并不仅仅局限于维系人的基本生存，更在于维持人类社会的秩序并推动社会的稳定发展，正是一个个平凡的工作岗位肩负起了社会各个领域的责任义务与建设使命。世界上存在着多种多样的岗位种类，每一个岗位都会对从业人员提出不同的工作标准和职业守则，制定不同的行业发展规划。我们应当树立这样一种职业观：所有的职业都是平等的，凡是从事正规劳动的工人，都没有身份上的高低贵贱之分，只有职业要求和部门分工的区别。所以在履行工作义务的过程中，工人应该认清自己的职业，找准自己的定位，认可职业价值，明确地了解自己所要实现的生涯目标，并为之付出长远的努力。工匠在深入地探索产品本身的经历中能够对自己的职业有更为全面的认识，体现和发扬劳动光荣的精神，同时逐渐树立奉献的观念，在实际工作中培养"工匠精神"。我国从古至今都不缺乏在平凡岗位上默默努力、在俗世中创造伟大的例子：从中国古代享誉世界的造瓷技术、造福文明的造纸术到中华人民共和国成立以来两弹一星的成功发射，再到蛟龙号载人潜水器的成功下水、"长征五号"运载火箭升空，这些伟大事业成功的背后都离不开无数默默无闻的平凡工匠的艰苦付出与不懈努力，他们怀着对自己岗位的真挚热情和多年工作生涯积累的宝贵经验，共同造就了举世瞩目的成就。每一位工匠都身居不同的岗位，承担不同的职业分工内容，所以工匠们的行业指标、工作流程、工作规律、劳动强度、详细规章制度都是不同的，而无论是什么职业，只要以合法的形式存在，就都会有其独特的、无以取代的价值，所以凡是合法的职业都应该得到同等的认可。只要是在自己的岗位上尽职尽责，秉持着爱岗敬业的精神，勇于面对和抗争工作中遇到的艰难困苦，切实按照严格的任务指标完成分配的所有工作任务的工匠，都值得每一个人去敬重和关爱。工匠的爱岗敬业精神是中华民族伟大复兴征程的征程中一股不可或缺的力量，这种精神支持着中国产品的开发与创造，让产品凸显更加非凡的价值、焕发更加耀眼的光彩，工匠行业的崇高价值也正体现在为祖国的伟大事业添砖加瓦的历程中。所有的工匠都置身于时代的洪流中，为新时代历史征程中的建设添砖加瓦，努力锤炼个人的能力，塑造精湛的行业技艺，把普通的工作做到极致，每个人都为中国事业的前进增添一份贡献，也为世界文明的传承付出一份努力，共同凝聚成一个时代最坚不可摧的进步力量。

（二）工匠具有乐业的品质

工匠坚持终身为事业付出并最终抵达崇高境界的前提是高度认可职业的理念和价值。从各个历史时期的实际情况来看，大凡工匠，都会在有意识或无意识间体现出对自己职业的根源性认同，把职业作为自己安身立命的基石。这种认同基础形成的根本原因当然包括现实的生活需求。

工匠必须具备专业且合格的行业技能才能够在社会上立足，争取属于自己的一分报酬来获得生计，这对普通人来说自然是生活中的头等大事在这样的前提下，工匠会自然而然地对自己的职业产生依靠心理，认可它的价值。但是，一个人的职业认可并非全部来源于生活需求，拥有过硬的技术水平、创造了丰富职业成就的工匠会对职业产生自豪感，为自己独到的特长和娴熟的技能感到骄傲，即使这种技艺在社会上也许并不算十分高端的能力，甚至因为职业本身而受到他人的轻视，但工匠本人依然会对自己的技能产生发自内心的自豪感。中国有一句谚语："虽是毫末技艺，却是顶上功夫"（据说最初是形容理发技艺）。在这句话里，"毫末"和"顶上"的字面意思是"发丝"和"头顶"，不过当然都有双关的意味，各自比喻平凡细微的工作和高端顶级的事业，从中可以看出理发匠（也是所有行业的工匠）对掌握技能的认可与自豪之心。

此外，很多工匠都传承着家族代代相传的技艺，承担着祖辈开创的事业，而中国人的传统心理中又包含强烈的家族认同和祖先崇拜意识，这无疑为中国人的职业认可增添了另一层更为深远的精神意义，使工匠的技艺自豪感和职业认同感愈发坚实深沉。还有十分重要的一点，工匠劳动的首要目的之一是为他人服务，在看到他人的要求获得了满足甚至对自己表示感谢和尊重时，工匠当然也会得到一种心理满足，为自己的劳动成果获得认可而感到骄傲，所以，受服务者的认可和感激也会大大激励工匠的职业认同感。综上所述，工匠对职业的高度认同不仅仅来自对谋生价值的依赖，更来自长期积累的职业自豪、源远流长的家族文化传承与他人的充分认可。

有了坚实的职业认同心理，工匠就会在此基础上衍生出乐业精神，也就是以完成本职工作为生活的乐趣，可以在工作生涯中体会快乐。

工匠在自己的劳动经过中必然会遇到千奇百怪的问题和各种各样的困难，伴随工作而生的挑战和压力会贯穿工匠的整个职业生涯。要想应对这些挑战，工匠必须具有足够积极乐观的心态，秉持豁达的乐业精神。全身心投入岗位的工匠会对自己的工作充满热情和积极性，不需要外人督促，而是主动认真地完成任务。抱有高度职业认同的工匠会在日复一日的工作中抱有充足的干劲和向上精神，维持昂扬奋进的工作状态，对工作怀着崇高的使命感，并从乐业的观念中获得取之不竭的庞大潜力。正所谓"其为人也，发愤忘食，乐以忘忧，不知老之将至云尔。安其居，乐其业。"热爱事业、奋发图强的工匠不会因艰苦枯燥的工作而感到疲惫焦虑，会从工作中找到人生的乐趣与真谛，并为职业付出自己的全部。

可以说，乐业不仅是工匠的至高境界，也是一种为人处世的智慧理念和达观态度。工匠让身心完全融入本职工作，能更加妥善地处理工作中的任务，达成规定的指标，在潜移默化的工作历程中逐渐发现和体会职业为自己带来的价值和趣味。工人可以在职业认可精神的引领下一步步实现"苦中作乐"的境界，以客观的态度面对需要处理的困难，在职业任务中发挥热情，使发掘乐趣成为一种工作的习惯。怀着新鲜和求知的心态迎接每一次探索，寻找不同的工作趣味，塑造愉悦身心的工作环境，在这样的前提下创作，工匠必然能够为国家和社会提供更多更优质的劳动成果。在实现中国特色社会主义伟大事业的征途中，每一个工匠都应当具有化职业为事业的升华能力，将集体归属感和大众奉献感置于个人得失之前，走向"中国巨匠"的典范。

（三）工匠具有精业的品质

精业简单来说就是技术过硬。工匠对待工作展现一丝不苟、谦虚好学的态度，刻苦学习该行业的专业知识，在重复的工作中不断提高业务熟练程度，打下扎实的行业基本功。正所谓"熟能生巧"，只要工匠愿意为提升自我付出持之以恒的努力，必然可以达到"精通"的程度。如果说前文提到的"爱岗""乐业"可以理解为"干一行爱一行"的话，那么"精业"指的就是"爱一行专一行"。爱岗乐业的理念引导工匠全身心投入事业，而精业的能力则能让工匠在最平凡的岗位上造就最伟大的成就，所以，在走向"中国巨匠"的历程中，精业是工匠不可不备的职业能力，是让事业超凡脱俗的关键所在。

工匠要通过日复一日的耐心积累为自己打下扎实的基本功底，用一丝不苟的态度处理工作的每一个细节，即使再微小的内容也不能出现差错，并养成勤学好问、刻苦钻研的工作和思考习惯，物质的积累和精神的反思结合才能造就炉火纯青的技艺。

《劝学》有云："锲而舍之，朽木不折；锲而不舍，金石可镂。"所以一名合格的工匠无论什么时候都不能放弃自己的职业操守和工作责任，要勤奋上进，在长时间的艰苦奋斗中一点点造就高超的工作能力。要具备钻研精神，善于思考和总结在工作中遇到的问题，在面对困难时不能一味蛮干，应该发现问题的根源，吸取失败的教训，在积累经验的同时提高辩证思考问题的能力，以科学的观念指导工作。明代教育家罗钦顺说过："苟学而不思，此理终无由而得。"反映了思维能力对开拓事业、掌握真理的重大意义。要注重培养自身的专业素质，塑造细致严谨的工作习惯，让敬业理念得到精业品质的升华。精心钻研专业知识，深入研究行业细节，以精益求精的态度打磨每一件产品，保证产品的优越质量，在愈发激烈的市场竞争中争取属于自己的地位和口碑，打造一张中国制造业的靓丽"名片"。

（四）工匠具有敬业的品质

"恪尽职守""任劳任怨"等品质自古以来就是中华民族的传统美德，任何人都应该给予敬业者至高的尊重。敬业既是一种工作的态度，也是一种从业者的价值观念。它要求劳动者对自己的工作谨守职业道德，服从行业要求，脚踏实地、努力钻研，将所有的精力集中在工作经过当中。

每个行业都要求从业者具备敬业的精神，可见它的意义是超越行业本身的，长远来说，敬业是一个人价值追求在现实生活中的体现。拥有敬业精神的工匠会秉持高度的责任感和品质意识，把工作视为个人的使命，精心打造手中的每一件产品，充分满足服务对象的需要。工匠精神对敬业素养提出了极高的要求，它希望工匠对从事的工作持恭谨之意，在岗位上不但充满热情，而且怀有敬畏，像面对一个人那样呈现尊重庄严的态度，从内心深处对自己的职业抱以诚挚深切的热爱。可以说，敬业态度在工匠精神中所占的分量甚至大于知识和能力，它反映了工匠的高远境界。综上所述，工匠精神的核心内涵在于真诚敬业、无私奉献，对经手的每一道工序、每一样产品都怀有严谨的责任心，将打造至臻品质放在每一步环节上，而不是凡事利益争先，不顾影响与后果。

"爱岗"和"敬业"分别阐述了认可与欣赏工作价值的态度、尊崇敬畏岗位内容的心境，对工匠应当具备的职业道德提出了更深远的要求。自 2015 年"五一"开始，央视新闻推出了系列节目《大国工匠》，向全国的观众讲述了来自不同岗位的劳动者用自己的灵巧双手匠心筑梦的感人故事。正是这群平凡的劳动者为国家奉献了超凡的成就，在他们的成功之路上，既没有光鲜亮丽的高校文凭，也没有辉煌显赫的名企阅历，只有默默无闻的岗位坚守和孜孜不倦的行业磨炼，虽然深处平凡的岗位，却追求千锤百炼、登峰造极的职业技能。最终，这些匠人从平庸之境中脱颖而出，被授予"国宝级"技工的荣誉，人们都明白一个领域的建设永远无法离开这样的一群看似平凡实则伟大的人。

中铁二局二公司隧道爆破高级技师彭祥华从 1994 年 7 月参加工作以来，二十多年如一日坚守在工程建设一线，参加了青藏铁路、川藏铁路（拉林段）、朔黄铁路、横南铁路、菏日铁路等 10 余项国家重点工程建设。他多年战斗在祖国偏远地区，不怕艰辛，为祖国建设付出了青春与热血。

未晓朋是一位世界级的顶尖焊工，他所完成的核电站主管道焊接，将保障在 40 年的周期里，核电站反应堆主管道的安全。这些人都无愧于大国工匠的赞誉。

树立爱岗敬业精神，不仅要求工匠深入理解爱岗、乐业、精业与敬业品质的内涵，更要求其将这些高洁的精神品质融入日常的工作习惯，真正走上无私奉献、敬业乐业的工作道路。

二、敬业是工匠积极的劳动态度

劳动的本质是主体、客体和意义的内涵集成体，是人类社会生存和发展的基础，所有人都通过劳动来为个人与社会创造财富，谋取人生的幸福。中华民族在几千年的历史长河中创造了举世闻名的成就和灿烂的文明，这些皆来自人民群众的辛勤劳动与艰苦奋斗，唯有脚踏实地地努力才能开创新的鸿篇。

在社会主义事业的号召下，劳动者无论接受怎样的社会分工，都是伟大事业中的建设者和奠基人，平等地承担责任、享有权利，不应该受到高低贵贱的区别对待。在当今社会，为了反击劳动卑贱的不正之风，为了抨击唯脑力劳动论、体力劳动卑贱论、体力劳动简单论等错误观念，更应当大力提倡爱岗敬业、勇敢争先的精神，在全社会范围内营造尊崇劳动、积极奉献、关怀劳动者的氛围，以辛勤劳动、诚实奋斗为荣，以坐享其成、好逸恶劳为耻。

广大劳动者应以全社会推选的劳动模范为榜样，发扬"爱岗敬业、争创一流"的精神，树立忠于职守、争先培优的职业道德，充分认识工人阶级在艰苦奋斗中首当其冲的阶级先进性，自觉怀抱高度的历史使命感和责任感。

中华人民共和国成立以来，社会主义建设事业中涌现了一代又一代的领军模范人物，坚守自己的工作岗位，在平凡中开创光辉的事业，这些行业先锋不仅为国家创造了大量物质财富，更为全国人民带来了难以估量的精神财富：代代涌现出的劳动模范凭借自己质朴的劳动思想和坚韧的工作态度，鼓舞了千千万万的劳动人民，振奋着社会主义建设的浩荡士气，激励着中国共产党人为国家的腾飞、社会的跨越和人民的福祉永恒奋斗。

尽管我们已在中国共产党的领导下攻克了千难万险，走向繁荣富强，但面前仍有漫长崎路等待着我们征服。我们每一个人都应该在新时代充分认识到自己肩负的历史使命与时代责任，秉持着爱岗敬业、艰苦奋斗、勇争一流的精神。"位卑未敢忘忧国，事定犹须待阖棺。"不管居于什么样的岗位，只要能够把自己全部的精力毫无保留地奉献给自己的责任和工作，无怨无悔地承担社会义务，就是值得肯定的优秀劳动者，就是在为建设社会主义新中国奉献自己的实干力量。

三、敬业的动力与目的

在如今社会，劳动者应当具有争创一流的价值追求，即在工作中积极奋进，追求行业领先的工作成绩，创造为更多人认可的业绩，直白地说，但凡从事一项工作就要做到最好，力求完美。任何人都有自己独一无二的人生追求，因此，每个独立个体对自己的工作和生活抱有的态度和追求都是不同的。如果一个人怀抱着高远的志向，自然会在从事的行业中追求最完美的成就，将其视为自己值得终生奋斗的前景，争创一流的先进意识也由此而来，对工作生活的方方面面都持谨慎钻研的态度，永远不肯松懈。争创一流要求劳动者与他人相比，承担更多的责任，付出更多的勤奋，不怕吃苦受累，为国家和社会奉献自己的力量；争创一流要求劳动者具有坚持不懈的精神，保持长久积淀的耐心，经历一个从量变到质变的漫长工作生涯；争创一流要求劳动者时刻保持饱满的热情，以高度的积极性和主动性面对学习与工作，在生活生活中寻找乐趣和价值；争创一流要求劳动者掌握科学的劳动理念和工作方法，这其中不仅包括客观知识，更包括为人处世的准则、思考的逻辑和工作的习惯。

争创一流不是一朝一夕能够实现的，它必然是一个漫长的经过，在此过程中，劳动者应当一直保持活跃的思维，积极思考工作生涯中遇到的各种问题，这些问题可以以一个明确的方向为起点，但不应该将某种结果作为定然达成的终点。唯有持之以恒、虚怀若谷地追求知识和治学，始终保持创造性、拓展性、发散性的思维，将争创一流作为一种贯穿自己职业历程始末的要求，才能在工作生活中创造高超过人的业绩。争创一流可以表现为一种奋发昂扬的精神面貌，也可以表现为一种力求完美的结果，还可以在所有劳动者的心中内化，成为发自内心的精神动力源泉。

四、敬业的要求与素质

要体现爱岗敬业精神，劳动者就应当在热爱本职工作的前提下持有严肃端正、细致入微的态度，一丝不苟地处理自己的任务。对于敬业精神来说，爱岗观念是必要的前提，在这种观念的基础上进一步升华，对自己所处岗位的责任和价值产生更加深入的理解和更为全面的认识，才能得到真正意义上的敬业精神。如果一个人仅仅机械地重复自己的任务，没有对工作产生发自内心的热爱，那么他无法成为一个敬业的劳动者；一个不理解敬业精神的人也不可能真正喜爱他的工作岗位。

劳动者无论从事什么样的行业，都必须首先拥有爱岗意识，然后才能谈及敬业精神。不管工作岗位的性质是什么，不管它对从业者提出什么样的要求，不管知识成分和劳动强度如何，劳动者都应使自己成为整个劳动行业中的一颗"螺丝钉"，紧紧地"钉"在自己的岗位上，坚守自己的责任和使命，切实完成工作，不出现一丝一毫的闪失。

爱岗敬业要求劳动者对自己的工作岗位秉持矜持不苟、精益求精的态度，完完整整、踏踏实实地承担岗位上的每一项责任与义务，不管面对什么样的困难，不管承受什么样的挑战，都要保持积极的态度，做到恪尽职守，永不放弃自己的工作职责，牢牢把守自己的工作岗位。

爱岗敬业的劳动者要为本职工作付出不懈努力、承担长久的责任，这是对任何行业的工作人员都应尽的基本使命，所以，广大劳动者应该具备主人翁的责任意识和主动上进的事业心，要对从事的工作内容抱有发自内心的热爱，要掌握过硬的专业知识和能力。

第二节 工匠精神之专注

一、专注的内涵与扩展

（一）工匠具有专注精神

优秀且富于经验的工匠往往对自己的工作有着高度的热忱，专注于每一个细节，致力于在所有的工作环节中做到完美，为服务的对象打造优质的顶尖产品，对于一个行业来说，这正是协助其发展达到非凡成就的关键一环。

中国古代有"庖丁解牛"和"轮扁斫轮"的典故，讲的都是普通的劳动者在自己的岗位上持之以恒地劳作，最终达到出神入化境界的故事。从这两个例子里可以看出"只做一件事"的优势：化平庸为神奇，成就顶级的"行业奇观"。然而在现代社会，一些劳动者都无法全神贯注地完成一项任务，总想着更换自己的工作，朝三暮四，举棋不定，这样就分散和耗费了过多的精力，如"梧鼠五技，不成一艺"，无法在一个领域掌握高超的本领，更不能取得受人认可的成就。所以我们认为这样的人在工作生活中必然是碌碌无为的，而且这种从而不精的行为也会影响其他从业者的业务观念和价值取向，长此以往会大大地限制行业以及社会整体的进一步发展。

换一个角度来说，如果每一个工匠都能做到各司其职，做好自己的本职工作，心无旁骛，不为外界的浮华和虚利所迷惑，完成自己归属的行业应尽的职责与使命，必然能最终完成了不起的事业。合格的匠人拥有全身精力集于一事的专注力和恒心，一步一个脚印地向着指定的方向前进，并且不一味安于现状，拓展自己进步的空间，实现精进与突破，以恒定不懈之力量完成一番业绩。

但是，专注并非死板地看着一件事情，墨守成规，而是善于就在工作中遇到的问题深入思考，努力钻研，发现潜在的行业危机，并致力于推出化解问题的创新方案，培养独立处理困扰的自主能力。为人们所称道的大国工匠无疑不是在同一件工作上专注劳动多年，然而他们又并非机械地重复单一的工作，而是将工作的内容视为一个博大的学术领域，积极思考，潜心研究，在单调的工作中倾注自己的探索与反思。他们乐于深入钻研行业问题，并针对各种困扰全体从业人员的疑难杂症研究和提出解决方案，基于严格把守工作方案和有关技术规定的前提条件，刻苦深入地研究深层次原理，追求高效率、低消耗，努力寻找更完美的事业方案。并在这个漫长的过程中不断锤炼自己的技术，让专业技能达到挥洒自如、登峰造极的境界，方不愧大国工匠之名。可以想象，这些匠人在打磨每一件产品时都会付出全部的精力，全神贯注地开展工作，注意力高度集中，既不会被外界的波动干扰，也不会为内心的迷惘所牵绊。综上所述，工匠完成工作的过程就是沉淀自己完整身心的过程，抵达明镜止水、超然物外的境地。

（二）工匠具有注重细节的工作态度

对工匠来说，勤勤恳恳、专心致志的工作过程就是注重细节的表现。在工作岗位上，他们将每一条规章制度落实到位，不忽略细微之处，不出现任何闪失，精心打磨产品的每一个细节，在层层程序中严格把关。

打磨细节，指的不单单是完整化、精细化所有和产品有关的工序环节，还要特别留心那些经常被忽略的、看似"微不足道"的细微程序，不因其简单或微小而一笔带过，让每一步臻于完美。在特定条件下，这些"微不足道"的小事甚至反而有可能是所有问题的根结所在，解决了它就突破了最大的难题，正所谓"细节决定成败"。所以无论多么轻而易举的任务也要一丝不苟地对待，做到精益求精。许多非凡的事业都是从不起眼的小事开始的，恰恰是一些小事的完善与否又决定着整件事业的成败兴亡。欧洲有一首著名的民谣："丢了一个钉子，坏了一只蹄铁；坏了一只蹄铁，折了一匹战马；折了一匹战马，伤了一位骑士；伤了一位骑士，输了一场战斗；输了一场战斗，亡了一个国家。"虽然是戏剧化的比拟手法，然而依然可以从中分析细节对事业的影响。所以，作为一名工匠，不管是从自身工作和责任的角度考虑，还是为了他人和整体的事业着想，都不应该忽略或放弃细小的事务，在工作的每个时段都保持严谨的责任心，不懈怠。一个从业者技艺水平的高下正是从细微之处表露出来的，所有能够被称为高质量的产品无不在细节上严把质量关，让服务的对象感受到全方位的服务。

《劝学》曾经指出"不积跬步无以至千里，不积小流无以成江海"，认为细节的重要性体现在它的"积累"，正是长久不懈的小小成就的积淀造就了伟大的事业；《韩非子·喻老》有云，"千丈之堤，以蝼蚁之穴溃；百尺之室，以突隙之烟焚"（这就是人们常说的"千里之堤，毁于蚁穴"的出处），认为细节有着牵一发而动全身的作用，一个微小环节的溃败最终会导致全盘皆输。

从上述例子中，我们也可以看出，古时起，工匠们就已经对细节的关键作用有了极其清醒而深刻的认识。所以，对于当代工匠而言，更应该把守每一个工作细节，特别留意制作流程中容易被忽视的微小问题，杜绝疏漏与瑕疵。让重视细节成为一种习惯，使最简单的事情达到完善和圆满，并始终怀有把细节做到极致的责任感，不忽视工作流程中的任何一道工序，秉持着把每一件小事做到最好的观念，方能成就精工细造、世人瞩目的结果。以我国保存的许多出土文物来说，许多举世闻名的文物都是因其巧夺天工的制造手法而得到赞誉的，它们无不是由古代工匠在整个制作流程中倾注无数心血，精心打造研磨而成。真正高超的工匠永远不会满足于自己现有的能力，会在制造每一件作品的过程中力求进一步的突破，不在细节上疏忽。

（三）工匠具有坚守并做好一件事的信念

当今时代下，中国的社会主义事业建设正需要广大工匠的群策助力，因此工匠精神在全国范围内被再一次提起，并得到了大力推崇。工匠应该为自己的本职工作付出全部的精力，在工作中做到全神贯注，秉承"只做一件事"的观念，将每一个微小的细节发挥到极致。当今社会仍然有许多工匠能够平心静气地维系自己的本职工作，淡泊名利，不为外界的浮华和喧嚣所动摇，无怨无悔地承担自己职业的责任。在工匠精神中，不计较个人利益是一项十分重要的品质，敬业的匠人拥有把得失置之度外的态度。因为对于手艺人来说，完成一项精工细造、天衣无缝的产品是无比的骄傲，这种骄傲能够带给人强大的信念，远非物质利益能够相比。

虽然每个个体在社会中的分工不同，然而不管什么样的岗位都会要求专注不懈、敬业奉献的精神，这对于任何事业来说都是无法或缺的。如今经济高速发展的社会给人们带来了许多方便，却也产生了一些诱惑，定力不佳者无法潜心静气、为一件事付诸努力。但真正的匠人往往拥有沉着平静、心如止水的态度，把所有的智慧与心血凝聚到一项工作中，全力塑造堪称行业精品的产品。另外还应该有持之以恒的坚持精神。《朱子语类》云："立志不坚，终不济事"，古希腊哲学家柏拉图也说过"耐心是一切聪明才智的基础。"成大事者，不能被内心的烦躁和困扰所阻碍，不能害怕漫长枯燥的工作生涯，不能遇到艰难险阻就轻言放弃。

央视节目《大国工匠》曾介绍过一位名叫周东红的宣纸捞纸工。从完全掌握捞纸技巧的第二年起，周东红至今始终保持着年均完成生产任务 145.54% 的记录。但这背后付出的代价是极大的：捞纸工每天至少要在纸槽边站 12 个小时以上。由于长年累月将手浸泡在纸浆里，周东红的手一次又一次地破皮起皱，30 年来经受的时光侵蚀和岗位损耗仅从他的手上就能明明白白地看见。

成品率和产品对路率是评判宣纸质量的两个主要擦亮指标。而在 30 年的职业生涯中，周东红一直保持着 100% 的成品率和 97% 的产品对路率的彪炳战绩，这两项指标分别超出国家标准 8% 和 5%。不但如此，周东红还常常投身开发新产品和拓展新技术的试验，发挥模范带头作用，毫无怨言地承担最大分量的工作责任，不辜负车间和公司领导给予的期望，而且也每一次都能圆满完成任务。

周东红还参与开展了多次技术革新活动（如用塑料取代芒杆，用于捞纸的帘床寻应找新的制作材料；为捞纸机械划槽、纸药桶替换等创新技术献计献力）并取得成功，积极落实试验，大大节省了宣纸生产过程耗费的人力和物力资源。他身为主要的技术工作人员，联合研发小组，一起尝试开发用于邮票生产的宣纸纸张，为我国成功发行宣纸材质邮票提供了宝贵的生产实践经验和理论补充，可说在世界邮票史上填补了一项空白。

从这一事例中，我们可以意识到，工匠不应该安于现状，在完成了本职工作后依然要对工作充满参与的热情和积极性，拓展工作领域，突破技术瓶颈，开发全新技术，努力钻研，勤学上进，灵活思考，不断提升和雕琢现有的工艺技术，打造更加优质、更富于新意的产品，体现工作的完美和极致，塑造骄人的"中国品牌"。

二、专注的核心

工匠应该为自己的产品倾注所有的心思和精力，尤其是在打造某项高品质、高要求的精品时，更应该全身心投入，不被旁事干扰而导致分散精力，表现出一种浑然忘我、超然物外的精神状态。这一点要求工匠具备的专注负责工作态度和优良的品性素养，除此之外，还受到工匠的工作方式的影响。比方说，如果岗位上的工匠和工作对象都具有简单从一的特征，那么工匠就更容易集中注意力，打造精细的产品。因为在这样的工作环境下，工作者和工作对象之间是一种简洁明了的二项式关系，工匠和产品直接联系在一起，面对面地开展工作，不受冗杂的中介体系干预，所以工匠无论是主观上还是无心中，都不必在过多的事物和程序上花费精力，能够把注意力全部集中在工作的对象上，全神贯注地工作。

这里我们应当特别强调一点：在一般情况下，工匠处在和操作对象对峙的过程中时，自身并不是较强势的那一方，甚至有可能处于弱势，这是由手工业背景下人与自然的关系决定的，是难以改变的现实规律。因为自然对人类来说不管什么时候都是强大的一方，人和自然比起来终归是渺小的，无法抗衡自然事物运行的力量，所以，工匠如果仅仅凭借自己的力量去把握和改造客观事物，就要花费自己所有的心血和智慧，对抗难以揣测的自然力量，更不用说还要在一次次的失败中总结教训和规律。但到了工业时代，情况就又有不同，人获得了更加强有力的机械动力，占据了更为强势的地位，认为自己可以按照心意随性地对待自然事物，从而舍弃了对自然的敬畏，也不再像过去一样在探索规律、把握自然上倾注精力——但工业进步的代价也是惨重的，对自然的无度索取和肆意摧残最终依然会为害人类，让最基本的生活也得不到安宁。在这样的前提下，人类自然会再度审视"工匠"和"工作对象"之间的关系，希望再次回到平衡的发展状态。

在日复一日的劳动积累中，手法精湛、境界超然的工匠会迎来一种特殊的时刻，和自己加工的对象浑然一体，处于物我两忘的境地，实现主体和客体的内在统一。

在精神分析学中有一个术语，叫作"移情"，大致是指在精神分析的过程中，来访者对分析者产生一种强烈的情感，并将自己过去对生活中某些强烈的、难以忘怀的情感集中投射在分析者身上的现象和经过。而工匠也有可能在工作的过程中产生精神上的变迁，将个人的悲喜完全寄托在工作的对象上，为自己的工作成果倾注超出常规的感情。

在普通的手工业劳动中，作为工作对象的都是一些没有生命的物质，然而在工匠眼中并非如此，他们会像对待一个真正的生命一样对待自己经手的材料，去感受它的"个性"与"气质"。工匠会把自己的心血和命力倾注在工作历程和工作对象之中，也同样会去感受工作对象的"生命"，将命运紧密地联结在一起。对木匠和竹工来说，不同的树木和竹子都有不同的气质；在玉石匠人眼中，顽石和美玉都各有自己的妙处；站在金匠和锻铁工的角度，无论什么样的金属都有独到的个性，如果不去感受加工对象的"性格"，那么就像不了解一个人的脾气秉性、无法与之交心长谈一样，不可能发挥出材料的优势，体现它的价值，最终打造出的结果也就不能令人满意了。

在干将莫邪的传说中，铸造雌雄名剑的铁是异宝，在熔炉中历尽周日熔烧，依然冷如坚冰（根据鲁迅小说《铸剑》的改编，此铁是楚王妃抱柱受孕而生，也许该情节同样可以视作对工匠所用材质的"生命力"的比喻），干将莫邪便割开手腕，将鲜血滴入熔炉，炉中顿时火光惊天，异铁受到精血感化才终于熔化。更有其他形式的传说提到莫邪投身入火，用献身化解了异铁的奇绝。从类似的古代传说中，我们能够深切感知古代匠人为自己的作品倾其所有、甚至牺牲自我也在所不惜的崇高意念。

专注就是精力和注意力集中在特定的领域，它的对立面是精力和注意力的分散。只有专注和持久地耕作于某一领域，才能有常人所不及的成就。许多优秀工匠都是长时间（短则十几年，长则几十年）专注于一项技艺或一个岗位，经过持续不断地磨炼才获得卓越的成就。正如"苟有恒，何必三更眠五更起；最无益，只怕一日曝十日寒"，人的时间、精力和能力都是有限的，而每一个领域、每一项技能都有其独特的地方。所以，能把一件事情做好、做到完美就已经很不简单了。专于其心，一心一意，一次只做一件事，这意味着集中精力，注重目标唯一，不轻易因其他诱惑所动摇。若经常改变目标，或四面出击，往往不会有好的结果。不够专注，什么都浅尝辄止，那就如同一个到处挖井却挖不到水的人，没有沉下来，没有钻进去，也就无法领略其中的奥妙，也不能在这个领域做到极致，获取卓越成果。正所谓"贪多嚼不烂"，专注才能专业。

晚清著名学者郑观应在《盛世危言·技艺》一书中说："泰西人士，往往专心致志，惨淡经营，自少而壮而老，穷毕生之财力心思，以制造一物。"[①]这里所说的泰西工匠一生只做一件事，从不三心二意，不见异思迁。对于弘扬工匠精神，就应如泰西工匠一样，对待工作、事业始终一心一意，专心致志。

当今时代，万事万物变化的速度很快，这更需要人专注于某一个细分的领域，随时捕捉该领域的信息，随时调整自己，跟上变化的节拍。但专注不是盯住一处不放、死钻牛角尖的呆板，也不是驻足不前的保守。它强调的是一种集中的状态，并且长时间地关注。它并不否定适应性的变化与调整。事实上，一个优秀的工匠一定是与时俱进的，甚至是引领潮流的。

三、专注是工匠重要的技艺基础

工匠所持的心无旁骛的精神状态，指的是他们的心中除了工作的对象之外，没有另外的追求，如此也就不会被其他外物所干扰，全心全意地想着如何能更好地加工产品。工匠所持的持续专注的精神状态，并非只是一时的聚精会神，而是要在很长时间跨度上的专注专心，工匠深谙产品的创造并非一日之功可以完成，将是一件久久为功的事情。这种对待工作心无旁骛、持续专注的精神，是工匠能够精益求精地完成工作的重要原因。即便手工业时代已经过去，人类改造自然的力量逐渐增强，但在生产实践中遇到的困难仍有不少，并非都能用机器生产的方式予以解决，仍然需要工匠依靠自身智慧、手工技术来解决问题、突破创新。他们必须对自己的事业心无旁骛，才能全身心地投入事业，才能实现自己的目标。

四、专注的要求和方法

尽职的工匠应当为自己的工作付出所有能力和智慧。不仅如此，还要能够承受寂寞与枯燥，敢于面对和挑战工作过程中遇到的种种难题，在本职工作中兢兢业业地完成每一项任务。在工作中耐心谦虚地夯实基本功，工匠才能日益熟练地开展工作，掌握提升效率、提高质量的诀窍。只有毫无保留地投入工作，工匠才

---

① （清）郑观应. 盛世危言 [M]. 北京：华夏出版社，2002.

能感受到行业的深层知识，真正做到在工作中学习，持续地锤炼自己的技能，在日复一日的锻炼中积累经验，从失败和瑕疵中吸取教训，达到精益求精的境地。

工匠在制造产品时，必须遵循行业的统一标准，这个标准通常是相当严格的，是要求产品的质量达到最高，所以工匠在制作产品之前必须认真阅读和了解标准要求，做到心中有数，一丝不苟地按照标准执行工作。正所谓"失之毫厘，谬以千里"，细节的微小偏差可能导致整体的严重失误。

全力投入、聚精会神地完成工作也是工匠的行为准则之一。在提到优秀的模范工匠时，人们往往都会首先想到他们拥有全力以赴的优秀品质。德国和日本都有极其发达的制造业，出产的各种工业制品享誉全世界，打造了一系列广受大众赞誉的名牌产品，这样的成就和这两个国家的工匠不遗余力地投入工作、自发担负工作责任的传统是分不开的。

除了上述品质，工匠还应当具有乐观精神和挑战观念，在工作中敢于迎难而上，不放弃、不退缩，不达到目的誓不罢休，对完成任务充满自信和决心，凭借自己的毅力和智慧给出化解方法，尽一切努力认真完成本职工作。

第三节　工匠精神之精准

一、精准是对品质的严谨

"严谨"一词由两个概念结合而成，"严格"和"谨慎"。工匠们在工作中往往持有一丝不苟的态度，针对产品提出的判定标准和品质要求堪称苛刻，而最后得到的成果也能博得大众赞誉。不仅如此，工匠还拥有凝神定气、谨小慎微的品质，在检验产品细节和改进工艺手法上倾注大量的时间和精力，即使手法再熟练、程序再简单也没有一丝一毫的松懈，推动产品质量向更好更优的方向不断发展。

这种"更好""更优"并不是与他人相比较而言的，而是在自己的现有基础上不断精进提高。唯有严格精谨的理念方能让产品的品质无限趋于精湛和完美。这样做的目的在于满足消费者对产品质量不断提高的追求：人类掌握的科技和持有的观念永远都在不断地发展，所以任何产品都没有最好，只有更好。

二、精准是精益求精的劳动态度

《诗经·国风·卫风》中的《淇奥》有云，"如切如磋，如琢如磨"，这句诗本意是形容君子磨砺自己的品质就像工匠们加工骨头、象牙、玉石等材质一样，要经过反复的打造和雕琢才能成为大器。中国古代的思想家一直极其重视工匠精神，将层层钻研的精神投入学习和提升自我的实践当中，刘禹锡的《砥石赋》中写道，"石以砥焉，化钝为利"①，意思是只要用石头反复磨砺，即使是钝物也会成为利器。中国工匠精神的内涵之一就在于"精益求精"的工作态度，这种态度包括两个方面，其一是工匠在职业生涯中必须先掌握熟练的手法，培养精湛的技艺；其二是怀着科学严谨的客观态度面对事业，用坚实的责任感和向上的事业心引导工作。工匠在劳动中需要认真精细地对待每一道程序，把所有的产品都像工艺品一样精雕细造，把所有的细节打磨到完美。不遗漏任何一个要素，往往越是工艺精湛的作品，提升的空间就越有限，哪怕想要取得细微的提升，也要付出大量的精力和考量，通过千锤百炼，才能最终达到更加理想的状态。

我们把工匠精神分为"工匠"和"精神"两部分来分析："工匠"的最常见含义是"从事手艺的人"；"精神"则指向工作的本质和内核等关键方向，以及手艺人工作发挥的作用、主要意义和行业的宗旨等。一个工匠之所以能够得到众人的认可，最关键的就是能够成功打造巧夺天工、超越平凡的精巧作品。要想做到这一点，工匠必须拥有过人的观察力、深刻的思考力和强大的时间掌控。

凡是能够青史留名、为人称道的宗师级匠人，都拥有脚踏实地的毅力和十年磨一剑的精神。如东汉科学家张衡不盲信鬼神，坚信自然现象的背后有原理可循，为预防地震灾害而刻苦钻研，最终发明了世界上最早的地震监视装置"地动仪"，又根据自己的天文理论"浑天说"，基于前人发明的基础改进了天文仪器"浑天仪"，开创了中国天文、地理研究之先河。再如女纺织家黄道婆，尽管早年历尽压迫和虐待，仍在艰难困苦的生活中执着地从事纺织事业，向崖州（今海南三亚）的黎族人民虚心学习先进的棉纺织技术，后又返回故乡，在上海一带传授织造技术。黄道婆传授的先进技术使百姓大众普遍受惠，她去世后，松江一带成了全国的棉织业中心，历经几百年之久而不衰，赢得"衣被天下"的赞誉。虽然正史对这样一位杰出的劳动妇女与纺织革新家的成就几无记载，但人民是公正的，上海

① 王巍选. 历代咏物赋选 [M]. 沈阳：辽宁大学出版社，1987.

民间代代流传着这样一首民谣："黄婆婆，黄婆婆，教我纱，教我布，两只筒子两匹布"。可见当地人对黄道婆作为纺织匠人的伟大贡献真挚的赞誉与感激。

　　古代中国之所以能造就灿烂辉煌的文明，与源远流长、博大精深的传统文化的引领是分不开的，更离不开广大劳动人民勇于奋进的精神、科学严谨的理念和持之以恒的毅力。

三、精准是对细节的一丝不苟

　　从事制造业的工人们，由于他们在工作中经常会遇到极其精细的作业活动，而这些活动通常无法由机器代替，这就要求工人们必须依靠自己的双手完成作业任务，尽最大的可能减小成品与设计要求之间的误差。正是在这样的实践过程中，一丝不苟、注重细节的精神才逐渐形成并成为工匠精神中的重要内容。

　　人的一生中会开展无数次的实践活动。在这些实践活动中，有些可能只出现过一次而使我们印象深刻，有些可能由于开展的次数太多已经融入我们的日常生活。但无论是哪种实践活动，我们在第一次面对它时所持有的态度是一样的，都是小心而谨慎，这种小心和谨慎实际上来源于我们对未知的恐惧。

　　每个人出生时都是一张白纸，此时的我们对这个世界一无所知。除了最原始的生理行为外，我们对其他任何实践活动都不曾了解，也不曾尝试。但是人类作为拥有着较强学习能力的高级动物，在逐渐扩大与外在世界联系的过程中，通过向他人学习从而开始了个人的探索旅程，迎来了人生中的众多第一次。然而，正所谓"实践出真知"，即使我们已经掌握了充足的关于如何实践的理论知识，并对他人类似行动进行了大量的观摩，但由于自身以往没有进行过尝试，没有积累过相关的经验、理论知识和他人的实践经验并不能直接转化为自我的切身体会，因此我们对这项实践活动并没有达到真正的认识和了解。所以当我们真正以执行者的身份去开展第一次的实践时，我们会以一种小心谨慎的态度去对待。

　　由此可见，"第一次"作为实践活动中特殊的环节，其集中体现了人们应具备的小心谨慎的态度。如果身处制造业的工人能够将"每一次"都看作是"第一次"，那么就可以减少失误、提高质量，更重要的是可以深刻体现工匠精神中一丝不苟的精神并将其发扬光大。

　　除此之外，还需要做到"一点也不能差，差一点也不行"。在马克思主义辩证法中存在着整体和部分这一对范畴。整体与部分具有密切的关系，二者是相互依存的。黑格尔在《逻辑学》中曾专门对整体和部分的关系进行论述，"整体是从部分构成的：以致没有部分，它便什么也不是"[1]；反过来，"这个整体构成它们的关系：没有整体，便没有部分"[2]。毛泽东在研究战略学、战役学和战术学的关系时也对整体和部分的关系问题进行了论述，他指出："全局性的东西，不能脱离局部而独立，全局是由它的一切局部构成的。有的时候，有些局部破坏了或失败了，全局可以不起重大的影响，就是因为这些局部不是对于全局有决定意义的东西。战争中有些战术上或战役上的失败或不成功，常常不至于引起战争全局的变坏，就是因为这些失败不是有决定意义的东西。但若组成战争全局的多数战役失败了，或具有决定意义的某一两个战役失败了，全局就立即起变化。"[3]因此，整体和部分相互依赖。尤其值得注意的是，一般情况下部分的改变并不会引发整体的变化，但某些关键部分的变化则会对整体产生影响。

细节即是能影响全局的细微的且易被忽略的部分。正所谓"细节决定成败"，就是由于细节对于全局来说十分微小而极易被人们忽略，但其所占据的地位却是十分重要的。一般情况下，把握好细节是做好全局工作的前提：如若轻视细节，以可有可无的心态看待细节，甚至于采取漠不关心的态度而忽视细节，那么最终全局工作必定无法圆满完成。

"一点不能差，差一点也不行"集中体现的就是工匠身上所具备的注重细节的优良品质。众多工匠向我们证明了关注细节、精益求精的必要性和可贵性，也展现了他们对自身工作的高要求。虽然放低一些工作要求，对待工作采取得过且过的态度并不会太影响自己的工作，还会给自身减轻一些负担和压力，但是这些工匠们并没有选择这样做，他们都选择以一种认真负责的态度去对待，甚至在他人看来是在吹毛求疵，既要求自己，也要求他人。然而，正是在这种精神的支撑下，他们才能高质量地完成自身的本职工作。值得注意的是，仅仅具备关注细节的态度是不够的，还必须以一定的技能作为技术支持，只有这样，才能更好地将"一点不差，差一点也不行"的精神付诸实际。

---

① （德）黑格尔.逻辑学下卷[M].北京：商务印书馆，1976.
② （德）黑格尔.逻辑学下卷[M].北京：商务印书馆，1976.
③ 毛泽东.毛泽东选集第1卷[M].北京：人民出版社，1991.

第四节　工匠精神之创新

创新是一个民族进步的推动力，是一个国家、一个企业、一个工匠源源不断的核心竞争力。创新并不深奥，也不神秘，创新只是在善于观察、善于发现、深入研究的过程中创造的新事物。它是使人进步的原动力，也是促使社会持续向前发展的生命源泉。无论是对生活，还是对工作，我们都应养成这种善于观察和发现，善于开拓思维，善于研究的习惯，发扬创新的精神，这样便会在追求成为优秀工匠的路上越走越远，最终跻身"大国工匠"的荣誉殿堂。

一、创新的基本内涵

创新的深层次内涵在于突破常规，不囿于传统的思维约束，在科学的前提下打破陈旧的条条框框，乐于研究和采纳新鲜事物，用革新性的思维为行业构建新的发展机制，发展新的思路和对策，提出新的方法，进而取得突破性的成绩。宽泛地说，创新体现在许多方面，比如可以是先于他人行动，可以是比他人多提出一种思维的角度，甚至可以是比他人多完成几项实际的工作；一个国家的各个领域——如社会、经济、政治、文化、军事、科技等都离不开创新的支持，而具体的发展方面就更加多样了，比如模式创新、思维创新、体制创新、理念创新等。创新在生活的方方面面发挥着作用，有时候，仅仅是一个新奇的观点或者一个独特的角度就能够成为事业整体的发展契机，让行业焕发崭新的活力，创造更伟大的业绩。

创新是一个民族发展进步的灵魂，是一个国家兴旺发达的不竭动力。一个国家唯有获得广大群众生生不息创新力的支持才能拥有前进的力量。同理，一个员工富于创新精神的单位会更有发展的活力，而具体到岗位来说，一个敢于创新的工匠会取得更高超的成就。勇于创新意味着不被固有思维和行动模式所约束，敢于改变不合理的老规矩，寻找更科学的新出路，接纳有意义的新事物。创新是发展的动力。如果失去创新的支持，发展就会变成无源之水、无本之木。

创新能为人们带来更多进步的机遇，能创造更远大的事业，我们应当在生活中积极开拓眼界，善于发掘和把握潜在的机会，在脚踏实地、科学严谨的前提下持续创新，最终作出一番成就。许多劳动者模范都具有创新开拓的精神，这在人民群众之间是一种值得广泛发扬的精神理念。

匠人的一般职责是造物，能造精品是成为一名工匠的必然要求，而精湛的技艺则是能造精品的前提。"罗马非一日之功"，精湛的技艺、令人惊叹的绝活儿是练出来的。工匠钻研提高技艺的过程既是勤学苦练、摒弃杂念、甘于寂寞的过程，也是不断总结规律、探索法门的过程，还是一个将自己对产品精益求精的要求与对国家、对人民的责任心相连接，把对他人、对集体、对国家的爱凝聚在精心打造的产品之中的过程。

提到"匠人"、工匠，我们脑海中映现出来的往往是勤勤恳恳、兢兢业业、精益求精地埋头劳作的影像。虽然历经手工业时期、大机器生产时期、现代工业时代等的岁月变迁，但在工匠身上永远不变的是对精湛技艺的追求，变化的是在技艺中体现得越来越高的科技含量、越来越复杂的步骤程序、越来越细微的精密程度以及技艺对整个系统的越来越大的影响。因此，成为一名现代的工匠必不可少的就是大量的训练，在时间的磨砺中不断积累经验，掌握复杂精湛的技艺。造物是工匠的第一职责，而精湛的技艺是需要经过日复一日的劳动训练才能掌握的。没有人能随随便便成功，而匠人之所以能够成为工匠，必然是经历了岁月的磨砺和技能的考验。缺乏这份考验和磨砺，就难以做到对产品的精雕细琢，也不可能做到对技艺数十年如一日地打磨，并在此基础上实现技术的创新。

创新抑或创造是优秀工匠的特质。唯有创造性的劳动才能突破现有的难题，创造出新的效率和新的品质。时代一直在进步，创新也从未停止过脚步。从前人那里获得的经验只会不断被新出现的情况所否定，新的技术和技法也将不断优化或者替代之前的技术和技法。作为现代工匠，在日新月异的环境中，创新的精神必不可少。创新是工匠精神中非常重要的一项品质。"创"者，如同"创"字本身的释义：敢于对既有知识仓库内的成果大刀阔斧改造。在传承的基础上突破既往，在新环境、新条件下开创新的成就。让人庆幸的是，今天的社会发展终于逐渐赋予个体足够的力量，让人们有机会"重回"那种凭借技能打天下的"手艺人"状态。

创新，就是革新创造，创造出新的、有价值的事物、技术，这是一种进步，更是一种需求。想要成为优秀工匠，应具有这种革新创造的品质，这也是工匠精神所要求的具体内涵。

勇于开拓，大胆创新，此为匠心之华。不犯错，是为匠心之责，但是若不能进一步创新，匠心也就失去了意义。守住原有的品质，更加勇敢地去创新，拓展出新的篇章，才会展现匠心的光彩。

二、创新的前提是艰苦奋斗

艰苦奋斗对创新而言是必不可少的宝贵精神品质，具体内容指的是一个人为了达到希望的目标而战胜艰苦的条件，不断克服种种挑战，不被挫折和苦难磨灭意志，始终保持顽强乐观的心态，坚韧勇敢、敢钻敢做、奋发向上。中国共产党人的政治品质之一就是艰苦奋斗，中华民族自古以来就有艰苦奋斗的传统，中国人民吃苦耐劳、顽强拼搏、勇于奋斗的精神一直以来都闻名于世。在不同的历史时期和社会条件下，艰苦奋斗的具体内容和要求也会有所变化，但这种精神的本质都应该是不囿于物质的豁达、勇于对抗困难的胆识、忠于本职工作的责任心和积极向上生活态度，凡是不向困难低头、不为现状盲目悲哀的观念都可以视为艰苦奋斗的表现，在任何情况下，人们都应该追求这种崇高的思想境界，它是造就一番伟大的事业必不可少的精神动力和信念支持。此外，艰苦奋斗指的不仅仅是克服物质上的困难，还包括战胜悲观的心态，树立锐意拼搏的精神。从物质的角度分析艰苦奋斗精神，就是要求大众节制自己的欲望，不奢侈浪费，不贪求过多的物质，判定消费程度合理与否的主要标准是具体环境下的社会生产力水平，消费的限额不应该超出普通人能承担的平均水平，从这个层面来说，艰苦奋斗的内涵和勤俭节约十分接近，要求人们爱惜和维护劳动创造的物质财富。而从精神的角度分析，艰苦奋斗要求一个人拥有勇于面对艰难险阻和贫苦潦倒的勇气，顽强拼搏、坚韧不屈，在逆境中成就事业、走向成功，并自始至终把人民的利益放在首位，乐于为群众奉献。这样的思想观念和精神品质反映了一种积极向上的人生观，即一心开拓、将得失置之度外，这种境界无论是在什么样的历史时期和社会环境下都有价值。

1949年3月新中国成立前夕，毛泽东同志在七届二中全会上告诫全党："务必使同志们继续地保持谦虚、谨慎、不骄、不躁的作风，务必使同志们继续地保持艰苦奋斗的作风。"[1]2019年，习近平总书记在参加十三届全国人大二次会议内

---

① 毛泽东选集第1卷 [M]. 北京：人民出版社，1991.

蒙古代表团审议时强调：过去中国共产党靠艰苦奋斗、勤俭节约不断成就伟业，现在我们仍然要用这样的思想来指导工作。不论我们国家发展到什么水平，不论人民生活改善到什么地步，艰苦奋斗、勤俭节约的思想永远不能丢。[①]在社会主义建设事业步入新时代之际，我们仍然应该继承和发扬艰苦奋斗的伟大精神，秉持乐观积极的奋斗态度，面对新时代展现昂扬的斗志和崭新的面貌。

三、创新的基本要求

（一）勇于创新需要求变思维

人类独有的能力之一就是创新，它包括认识和实践两个方面。充分地体现着人类的主观能动性，是一种更为高级的思维方式，推动着人类社会的持续进步，为民族的兴旺发达创造持久的动力。创新并非凭空捏造、空中楼阁，而是将事物现有的存在方式和存在形态进行重新组合，创造新的发展机遇的过程。此处提到存在形式的具体表现不止一种，可以是某种客观事物运行的规律，也可以是组成事物物质的形态结构，如果我们能够让某种存在形式具体到之前未曾存在过的空间，就可以认为是做到了创新。创新可以是前所未见的发现，可以是别出心裁的发明，也可以是匠心独具的创造，还可以是一往无前，它体现在对原有境界的超脱、跨越和升华上，创新并不是刻意猎奇，而是一种开辟新天地、敢为天下先的勇气。要想创新，就必须改变旧有的制约，在扎实的基础之上推陈出新，接受新事物、迎接新气象，而这些要求都围绕着一个"变"的概念展开。创新精神要求人们敢于打破原有的陈旧逻辑，对不合理的事物敢于提出质疑的声音，把握"扬弃思维"，大胆地表达自己的想法，并付诸实践，掌握创新的思维，从不同的视角看待和分析事物，发现新的问题，寻找新的思路，充分调动兴趣和求知欲望，始终拥有思想和钻研的热情。

（二）勇于创新需要提高能力

创新能力是推动民族不断进步的强大动力，在当代的经济竞争中占据着核心地位。根据创新主体的不同，创新能力可以被分为许多类别，其中比较主要的包括国家创新能力、区域创新能力和企业创新能力等。

---

① 习近平.在参加十三届全国人大二次会议内蒙古代表团审议时的讲话精神[N].人民日报,2019-03-06(1).

对于创新能力的具体程度，人们也提出了许多判定指标，专门构建了创新评价体系。创新首先要求人们具有创造的意识，也就是自觉地发展创造性思维，探索开发自己的创造潜能，力求打造富有创造性的成果。但是这种意识并不是与生俱来的，一个人要经过持续的实践和思考才能逐渐掌握创造思维的精髓，在此之前必须满怀自信，对眼前的事物抱有积极的态度和充盈的热情，相信自己终究能够改变现状，并为达成自己的目标付出不懈的努力。

创新不是凭空而来的，它要求一个人有充足的知识作为积淀，眼界足够宽广，才能获得灵感；知识足够渊博，才能对各种事物提出自己独到的见解，以慧眼查看生活的细节，展现独到的匠心，独辟蹊径、探索天地。创新要求一个人具备充足的毅力和精神力，在尝试新事物、开展新事业的过程中必然出现许多困难和质疑的声音，面对这些挑战，应当不急不躁，以平和的心态接受，分析他人的批评对自己工作的借鉴意义，不仅如此，创新是一个漫长的过程，创新者必须以强大的耐力应对这个历程。

创新要求一个人掌握扎实的能力，若没有过硬的本领，就不可能探索事业的实质，创新自然也就无从谈起了。创新往往伴随着难以预测的风险，创新者要为其付出大量的精力。要想实现创新，应当从身边的小事做起，慢慢进行创新的尝试，从思维习惯开始，逐渐培养自己的创新观念，接受新鲜思想，培养自己的创新思维，掌握充足的知识，开阔眼界，为创新的灵感创造契机，营造创新的心理素质，逐渐提高自己的创新修养与能力，一步步走向创造型人才的总目标。

（三）勇于创新需要培养勇气

中华传统美德中一直包括"勇"的品质，这个字具有相当丰富的内涵。《说文解字》对"勇"字的解释是"勇，气也"[1]。《墨子》中对其的解释是"勇志之所以敢也"[2]。《左传·昭公二十年》中提到"知死不辟，勇也"[3]。"勇"意味着敢于讲真话、敢于办实事、敢于构想前景、敢于付诸实践、敢于拼搏进取、敢于发散创新、敢于承担责任、敢于秉持原则、敢于用事实说话、敢于开辟新的天地。"勇"要求一个人做事果断坚决、遵从道义、大公无私、刚正不阿。这种自强不息、顽强奋斗的崇高精神代代相传，融入中华民族的传统精神，并支持着一代又一代的

---

① （汉）许慎著. 说文解字 [M]. 长沙：岳麓书社，2019.
② 中华文化讲堂注译. 墨子 [M]. 北京：团结出版社，2017.
③ （春秋）左丘明撰. 左传 [M]. 武汉：崇文书局，2017.

中华儿女坚强不屈地抗争艰难困苦，使中华文化历久弥新，在每个历史发展的时期焕发不一样的光彩。勇气是一种强有力的气概，引领着人们勇往直前、不懈拼搏、锐意进取、发愤图强。一个人真正的勇气体现在其敢于直面自己的内心世界，坦然接受眼前的事实，既不畏惧，也不放弃，敢于同一切不公正作斗争，为更加高远的事业奉献自己的一切，即使付出生命也在所不惜，这种精神境界就是勇气。成功的道路并不是一帆风顺的，那种妄图以安逸保守的方式得来的成绩不是真正的成功，但凡伟大的事业，其构建之路都充满荆棘与坎坷，因为人不经历挫折就不可能领悟生活的真谛，成就和境界自然也将无从谈起。所以，应当从挫折中吸取教训，在困境中砥砺自我，在挑战中发现机遇，敢于采用创新的眼光，敢于接受面前的事实，是所有的成功者都具有勇敢不屈的品质。

（四）勇于创新需要善抓机遇

机遇在事物发展的过程中并不一定准时到来，甚至有可能迟迟不会出现，但只要机遇到来，人们就要牢牢地把握机遇，进而改变当下事物存在的状态，将其推向一个新的境界。至于机遇是否真的会出现，在何种时机、何种情况下以何种形式出现，都是人为力量无法精确预测的。机遇是可遇而不可求的，也是瞬息万变的，但它又会渗透在生活中的角落，以不易察觉的形式存在于人的身边。

事实上，并不存在"失去"机遇这种说法，一个人没有把握住机遇，代表着其他人会迎来机遇，只有善于发现机遇的眼睛和善于付诸实践的双手才能牢牢把握机遇。唯有时刻具备充实的准备又能够为机遇创造条件的人才会获得真正的机会。机遇都不会等待任何人，而且是转瞬即逝的，如果未能及时发现机遇，或者不敢付出行动，就会白白与机遇失之交臂。而机遇一直不到来，就应该主动为自己创造机遇，并加以充分的利用。因此一个人取得成功的关键往往在于是否及时地抓牢和应用了身边的机遇，具体的使用程度如何，现实中的劳动模范往往都善于把握和发现机遇。

（五）勇于创新需要执着追求

创新不能失去科学理论的支持，这要求创新者必须具有锲而不舍的坚持精神。很多情况下，人与人之间创新的差距并不在于能力，而更多地在于坚持不懈、为事业付出的程度。锲而不舍能为普通人带来强大的力量，更是创新的主要动力。

一个人只有为自己的事业付出持久不变的努力，才能在岗位上获得更多感悟和反思，这些正是蕴生创新的重要条件。假如没有潜心执着的精神，创新就将无从谈起。执着作为一种宝贵的精神，能够为一个人带来难以想象的力量，能够让人在面对失败和挫折时永不气馁，获得愈挫愈勇的信念，最终走向成功。

有一句谚语是"困难里包含着胜利，失败里孕育着成功"。因为一个人如果不经历失败就有可能看不清自己的弱势与错误，不承受挫折就可能无法磨炼意志、积淀经验，在通往成功的道路上，这些都是不可或缺的因素，引领着一个人一步步走向成熟和博识。可以说，在取得成功之前没有经历过失败，就不可能达到真正意义上的成功。只有坚韧不拔、永不言弃、持之以恒的精神才能帮助人们对抗失败带来的打击，在不利的环境中发现契机，牢牢把握导向成功的明确的方向。

但是，不能认为只要经历多次失败就一定会取得成功，也没有失败次数等同于成功概率的概念。假如一味地按照自己的主观意志行事，而不去思索和总结事物背后的客观规律，那么失败就失去了它的教训意义，随之而来的只能是更多无意义的失败。要想取得成功，需要从失败的经历中主动地研究失败原因、总结教训、吸取经验、探求规律。希望在失败的基础上实现创新，不为失败找借口，应该敢于承认自己的错误，为成功找到通路。

四、创新是工匠精神不断的追求

在任何时代和国家，总有些人能突破自身和时代的限制，勇于创新，完成由工匠向大师的蜕变。重复是创新的土壤，创新来源于烦琐单调的工作之中。因此，工匠精神从不意味着因循守旧，它是在传承的基础上追求卓越和勇于创新的过程，可以看成是传承与创新的并存。

（一）传承不是守旧，更不是故步自封

在传承中创新，在创新中传承，正是工匠精神的题中应有之义。古人将"创物"的人尊称为"智者"，其中能够"述之守之"的又是"巧者"，从这样的称谓中，我们可以认识到，古人已经强调了工匠群体在技术价值与个人境界上的区别，只有善于创造的工匠才称得上是"智者"。

在现代社会，要成为"大国工匠"，同样也需要这种创造精神和创新精神。

现实生活中，我们经常会遇到这样的事情：当人们使用某些仪器或者设备时，总会发现这样或那样的"不便之处"，但是每每遇到这种情况，大多数人会安于现状，只知道抱怨，不知道改变。这就是一种缺乏创新思维的表现。新时代，创新成为社会的主旋律，发出时代的最强音。整个社会都在不停地、飞速地发展和变化着，变化成为永远不变的主题——只有创新，才能生存。

（二）工匠在工作中勇于创新，不断挑战自我

目前，我国社会正在大力推进"稳增长、促创新、保就业"举措，并提倡"互联网＋"和"大众创业万众创新"的创新型经济发展形式，融合各种创新要素的理念正在全社会范围内不断成型和发展。对工匠群体来说，只有把职业发展的追求集中在培养和发扬创新品质上，才能更好地体现职业道德和敬业精神的价值，为自己所在的行业领域注入新鲜血液，为整个社会的未来提供鲜活的生命力。想要满足这一要求，工匠不但应该对职业怀有真挚的热爱并在岗位上刻苦钻研，还不能囿于成见，被既成的思维模式和习惯所约束，应当具备敢于质疑、大胆创新的胆魄。对工匠来说，创新力不仅是完成个人职业理想的有效方式，更是推动整个社会不断发展、为其创造不竭生命力的重要力量。

当今时代是科技创新的时代，世界各国之间的竞争归根到底是创新能力的较量。在所有的现代行业当中，科技创新都发挥着无可取代的作用，承担着核心竞争力的意义，一个产业、一个国家掌握了创新能力就是掌握了当前时代的竞争力。因此，"中国制造"必须掌握行业的核心技术，升华为"中国质造"。眼下，我国的制造业正处在行业转型升级发展的既要关头，其中必然离不开工匠精神的支持，要凭借专注尽职、大胆创新的匠人态度一步步实现中国制造品质的全方位提升。

创新的内涵和要求是多方面的。具备创新精神的工匠不仅会在身处岗位的每一个时刻深入反思自己的工作经验、挫折教训、行业规律、个人成长，提升基本的专业知识，还应该领会时代精神，接纳新生事物和创新观点，提出更具创造性地新想法、新办法和新思路。

（三）工匠在工作中不断提高创新能力

工匠要想切实提高自己的创新能力，就需要向推陈出新的方向努力，在制作产品的整个过程中注入创新点和创造力。

在提升创新素养、培养创新能力的过程中，工匠精神能够为工匠提供更多的发展动力和发展契机，因为创新能力正是基于工匠精神基础的能力升华。从诸如"别出心裁""独具匠心""革故鼎新"之类的成语中，我们都可以找到对创新能力的描述和要求。

除了上述角度之外，"巧干"也是实际工作中的一种创新能力表现形式。其定义是：工作者仔细分析工作中遇到的问题，把握事物的脉络与核心，让应对方案更具有针对性。

工匠精神最基本的要求是专心致志、爱岗敬业、精益求精、专注，这些品质和创新精神之间并不是冲突的，它们都是创新的基础。一个工匠只有在脚踏实地的前提下进行多方面的探索，敢于对现状中落后的部分进行革新，勇于打破约束性思维，寻求传统技艺与新观念的有机结合，完成对现有产品工艺的全新突破，将生产产品的性能提升到更高的层次。

创新精神自古代起就在我国的工匠群体中得到了充分的认识和高度的重视。古代的匠人们在处理每一件经手的工艺品时，无不秉持着谦卑谨慎、细致入微的态度。这些匠人没有安于现状、墨守成规，而是不断地提升自我、打磨自己的技艺，无时无刻不为打造更高品质和性能的产品反思和创新，使生产出来的产品体现出更有个人标志性的风格。在现代社会，工匠也不应甘于人后，应当努力继承和发扬这种自古有之的创新精神，为创造出更多更优的产品而不懈努力。

第三章　工匠精神与新青年培育

在工匠精神的培育过程中，当代新青年作为未来社会主义事业建设的有生力量，是一个不容忽视的主体。本章分别介绍了工匠精神与新青年培育三个方面的内容，依次是新青年工匠精神的培育与形成、新青年工匠精神培育的路径分析、工匠精神与高校思想政治教育的融合。

第一节　新青年工匠精神的培育与形成

一、培育新青年工匠精神的重要性

（一）有助于促使新青年传承中华优秀文化

中国传统文化包含着许多崇高的精神意志，不仅要求人们尊崇这些精神，更要求人们拥有完善高尚的人格，修身养性、立品立德，从而对整个民族的道德产生正面影响，展现更为优秀上进的社会整体面貌。在这些精神中，最为重要的就是爱国主义精神和集体主义精神，这些精神能够有力地推动人们心中民族大义，孕育为国奉献的情感。千百年来，爱国主义精神始终激励着中华儿女奉献自我、奋进拼搏，在民族独立、人民解放和国家富强的历史进程中发挥着中流砥柱的作用。

在构建和谐社会的历程中，人道主义精神是值得大力提倡和弘扬的优秀品质，任何社会交际都应当谨守人道主义的道德准则。

吃苦耐劳、勤劳奋进、坚持不懈、艰苦奋斗、自强不息的人格品质都是社会主义现代化事业建设中不可或缺的品质。人们可以从革命时期的长征精神、延安精神等中获取借鉴，在新时代将这些革命前辈的品质发扬光大、继往开来。

工匠精神一直以来都是中国传统文化的要素，古往今来的建筑杰作、伟大发明、宏大工程无不是工匠精神的成果，中国文化因工匠精神的支持而打造出了无数独一无二、举世瞩目的文明精品。对于个人来说，工匠精神所包含的敬业乐业、谦逊求知、严谨入微、力求完美的专业态度，提倡过硬的工作水平、创新的工作追求和持续奋进的精神理念都能在个人道德品质的塑造和崇高人格的培养过程中发挥重要的作用，都是人生道路上重要的助力成分。无论是在中国的传统文化中，还是在如今的时代精神和社会主义新文化中，工匠精神都拥有着无可取代的地位。

（二）有助于促使新青年践行社会主义核心价值观

工匠精神要求个人应当为自身的发展和社会的进步共同付出努力，以坚持不懈的创新和开拓来创造更多的社会价值，为世界的未来作出贡献。这与社会主义核心价值观中为创造富强、民主、文明、和谐的繁荣社会而奋斗的要求不谋而合。从追求的目标来看，二者的本质是一致的，无论是中国古代的建筑、工程、艺术设计还是现代的最新科技发展成果，无一不是为社会创造了宝贵价值的辛勤劳动，都在自己所处的年代推动了社会的发展和前进，使人们的生活面貌和社会景观更加繁荣。

（三）有助于促使新青年全面发展

培养工匠精神有助于个人实现心理上的提升，获得有效的知行路径，从而更进一步实现人的自我认知和全面协调发展。人在走向社会之前需要接受各种教育，而教育的本质目的在于使人能够成为"更好的人"，实现自由而全面的发展，发挥自我价值，在步入社会之后创造更多的物质财富和精神财富。人在学习技能、汲取知识的过程中应该拥有属于自己的一技之长，并将所学的内容作为自己成为自由人的学识和能力基础，并接受思想政治教育，完善道德品质、塑造个人人格，其中包含脚踏实地、爱岗敬业、勤劳上进、不懈探索、积极创新的职业道德，以及顽强拼搏、不骄不躁、团结他人、友爱互助的为人处事原则。

二、新青年工匠精神培育的问题

（一）新青年自我培育意识欠缺

1.新青年自我培育态度不积极

相较中学环境而言，大学的氛围更加自由自主。因此，少数大学生受环境影响，容易沉溺在散漫无约束的生活当中，失去学习的动力，缺乏努力的目标。在学习上不认真对待学业，不遵守课堂纪律，课下不及时补充完善知识，疏于专业知识的掌握，在面对考试时只希望及格，不求优秀的成绩，对未来的学习生涯缺乏规划，最终白白荒废了大好年华。在培养工匠精神的过程中，端正的态度是一切的开端，大学生如果没有严格上进的学习态度，就会使行动失去积极性，最终也无法形成真正的工匠精神，难以取得进一步的发展。

2.新青年学习自主性较差

当代青年在面对自身的学业时，往往缺少一种坚持的品格，没有将专业知识钻研到底、追求极致的精神。少数大学生没有刻苦钻研的精神，在遇到有一定难度的学术问题时只会向同学或教师求助，甚至干脆放弃，缺乏独立探知的意识和研究到底的勇气，不能积极主动、平心静气地进行深入的研究工作。

当代青年缺乏学业规划和发展目标。有些大学生对学业生涯缺乏明确的认知，不清楚也不去考虑自己的专业水准应该达到什么样的程度，符合什么样的标准，更没有知识、能力、技能等方面的清晰规划。

缺乏自主性的大学生难以培养职业品质，更不会具有工匠精神，在离开校园、寻求工作岗位时，难以承担起"社会人"的责任，即使找到了工作，也很难在专业技术上取得长远的发展。

3.新青年职业观落后

部分青年对自己未来将要从事或目前已经从事的职业缺少责任感和尊重心理，职业意识不足，仅仅将工作视为经济来源，不愿为其承担相应的责任，更没有为工作岗位付出足够的心血和精力。这种混阅历、混职位的心理对大学生的敬业观念和职业道德感产生了极大的不利影响。另外，还有部分青年的职业选择观出现了扭曲，只想追求工作环境好、薪资待遇高、工作要求宽松的岗位，概不考虑薪资低下、行业冷门、标准严格的职业，这不仅会对当代青年的价值观产生不利作用，更会制约我国各行各业的深入发展。

（二）高校教育教学没有与时俱进

就当下的实际情况来说，新青年工匠精神的培育工作依然处在起步阶段，一些高校尚未建立起与之相对应的教育模式，依然采取以往的传统教育模式，导致教育水平落后于时代的要求。虽然有相当一批高校的教育模式为新青年工匠精神培育创造了有利条件，但在发展过程中也出现了一些不符合时代精神的情况：部分教师没有充分考虑学生的个人意识，仅仅强调专业理论知识与技能知识的学习，而且仍然采用传统的灌输式教学的方法。

（三）工匠精神培育缺乏明确的标准

工匠精神的具体执行理念和工作细节仍有待教育工作者进一步研究和探讨。此外，工匠精神尚未完全纳入高校教学的目标，还没有成为新青年必须遵守的行为标准，所以，新青年工匠精神培育工作也没有得到相应的重视，缺乏科学详细的培育和评价标准。

（四）职业教育体系有待完善

1.培育途径有待拓展

培育途径的科学与否关系着新青年理论学习与实践锻炼的有机融合，影响着新青年专业技能的掌握和获取"现代工匠"资本的过程。然而目前我国职业院校的相关培养途径尚不够宽泛。仍然将理论课程的形式作为课程的主体，实践操作课程的占比不足，这种做法实际上是本末倒置，没有重视实践课程在职业学生主修课程中的地位。

2.师资力量有待提升

职业院校要想为社会提供更多精英人才，必须首先为自己打造高质量、高水平的师资队伍，否则就无法保证实现最基本的办学效果。然而在分析当下的职业院校的办学条件时，我们可以发现：并不是所有的学校都能满足这样的要求，部分院校的合格教师资源十分匮乏。这里指的主要是能力上的短缺和素养上的不足：部分教师的能力范围不够充实，只能开展公共理论课教授活动，无法向学生传授专业技能、专业技术等，其主导的课堂缺乏实践性质的操作，技能操作教师总是忙于指导学生，力不从心，而理论课教师却没有什么任务可做。

还有一部分教师的职业素养不合格，既没有认真负责的职业精神，也没有令人信服的专业素养，这样的教师在教学活动中是无法实现言传身教的目的的。

3. 师生内涵有待扩展

在社会主义现代化步入新时期之际，高等院校也应当大力发扬新的教育观念，鼓励培养"亦师亦友""传道受业解惑"的师生关系，为高等院校营造新的校园人际氛围，打造新型的职业高校师徒制度。基于该制度的规章，教师的任务不仅仅是教授学业，还包括承担"师傅"的责任和身份。因为教师仅仅指拥有学术文化知识、掌握专业学术理论的专业课讲师，而师傅则兼具专业技术和职业技能，在本质上与工匠等同，能够向学生传授技艺。相应地，学生也不仅仅是学习文化知识，还要成为"徒弟"，学习各种生活技能和为人处世的能力。时代的前进为教学实践活动提出了更新颖的要求，师生关系的内涵和结构也会随之变化，协助教师在教学过程中做到言传身教，帮助学生更深入地接受教师的职业教育，师生共通培育和树立新时代的工匠精神。

（五）社会对工匠职业的轻视

我国自古以来就有大量兢兢业业的匠人模范，许多工匠凭借精湛的技艺和杰出的贡献获得了流传至今的赞誉，所以工匠精神在我国可谓源远流长。但是，在封建王朝统治时期，统治阶级为了巩固自身的政权，不会过多地强调工人的贡献，而是将其限制在社会的下层阶级，并通过儒家思想统治平民和士大夫，推崇"万般皆下品，唯有读书高"的价值观。在这样的背景下，历朝历代的普通人都只希望通过科举考试实现阶级跨越，跻身上流社会，整个社会都形成了轻视工匠、鄙夷工艺和生产的扭曲风气，即使是高超的技艺，最多也只能落得"奇技淫巧"的称谓。生活和工作的节奏也越来越快，每天都有层层叠叠的碎片化信息等待人们去处理，一些年轻人将经济利益视为个人发展的最终目标，而不考虑工作的社会贡献。部分企业更是在营利性的纯粹动机趋势下一味地追求高效率工作和经济效益，并且力求为公司博得更多的曝光和声名。

在这种功利的价值观的驱使下，工匠精神的流失愈发严重，但是，要想顺利地开展经营工作、管理众多的员工、提供优质的企业产品、打造令顾客信服的品牌，企业绝对不能失去工匠精神的支持。然而事实上，当下的社会群体既受到传统观念的影响，又被过于现实和功利的追求约束，双重不利因素严重阻碍了工匠精神在当今社会的传承程度。

（六）教师职业素养亟须提高

在校园内建设工匠精神并不是单方面的任务，只有全体师生共同自发地参与其中，才能营造充分的工匠精神氛围。在校教师需要在构建工匠精神的过程中起到模范带头作用，以爱岗敬业、为人师表的精神打动学生，让学生在潜移默化中受到感触，逐渐培养和树立工匠精神。

有些教师在正式到校园任职之前并没有充分的实习经验，实际岗位磨炼和示范能力训练都不足。还有一部分教师受到种种因素的影响，没有端正的教学态度，在课堂上敷衍了事，更没有专心致志地治学的品质，甚至在指导学生开展实践训练时对自己没有信心，害怕在学生面前露怯，产生强烈的恐慌感，这些现象都会给学生造成不同程度的负面影响，更不符合建设工匠精神的要求。

我国将高职教育教师称为"双师型"教师，也就是"双证"教师或"双职称"教师，等同于"教师＋中级以上技术职务（或职业资格）"，如"教师＋技师（会计师、律师、工程师等）"。但有部分院校的教师达不到这一标准，合格的"双师型"占比根本不能满足现实的教学需求，也无法详细地照顾到每一位学生；另外，不同学生的学习能力和学术水平都参差不齐，所以学校并不适合对全体学生使用统一的刻板标准。一部分教师的观念不能与时俱进，仍然采用十分传统的理论说教的形式，没有认识到新颖的教育观念和教学模式的作用。失去了工匠型教师资源的支持，在校园内建设工匠精神就会缺少人力支持，无从谈起。

三、新青年工匠精神的教育方法

方法是主体实现目的的手段，或是主体能动作用于对象性客体的各种工具的总称。无论是认识世界或是改造世界，人们都必须借助一定的物质手段或精神工具，离不开相应的方法。没有方法或方法不当，人们就寸步难行、一事无成。培育工匠精神工作作为高等职业学校教育工作领域特有的一种对象性活动，自然也依赖一定的方法，这即是工作方法。不过，究竟什么是培育工匠精神工作所需要的工作方法，不同方法之间有何联系与区别，以及如何正确选择和恰当运用众多的培育工匠精神教育方法，这是一个十分复杂的方法论问题，需要进行初步分析与探讨。

时代的进步和科学技术日新月异的发展，一些前人未知的领域和前人没有采用或无法采用的方法逐步被今人认识，并运用于培育工匠精神工作实践。正是这些伴随新兴科学技术产生的培育工匠精神的教育方法逐步被人们认识和运用，培育工匠精神教育活动才跃升到一个新的水平，并日臻完善和富有时代特征。因此，研究现代条件下培育工匠精神工作中的技术方法意义重大。下面将对方法进行概括分析基础上，进一步分析容易应当被教育工作者熟悉的工作方法。

培育新青年工匠精神的工作是十分特殊的教育工作实践活动，其自身也有着较长使用的工作方法。

培育新青年工匠精神教育方法不是工匠培养教育活动中人们所采用的一切方法，而只是教育工作者在培育新青年工匠精神工作中的方法。我们知道培育工匠精神工作作为一种社会组织活动，是培育工匠精神工作主体和培育工匠精神工作客体的互动过程。在工作过程中，教育工作者和大学生都在活动，两者都有自己作用的对象，同时也都借助于一定的方法。教育工作者的工作是培育工匠精神工作重点，是引导大学生逐步形成"工匠精神"、提高素质的特殊实践活动。因此，他们的行为方式具有教育的属性，其方法才是严格意义的培育工匠精神教育方法。除此之外，培育工匠精神教育方法不仅包括教育工作者的实践方法，也包括他们的认识方法，这是因为完整的培育工匠精神教育活动不仅包括教育主体对教育客体一系列的组织、支配活动，还包括教育主体对教育目标的预测、论证、择优和计划的制定，这两类活动都需要借助一定的方法，这两类活动也都具有教育的性质，在现代教育工作中，教育工作者常常既是计划的制定者，同时又是计划的执行者，他们所采用的方法既是具有教育工作实践的属性，又具有教育工作的认识属性。培育工匠精神教育方法作为一个系统，是由多层次多侧面的不同方法按照一定结构有机组成的。

从方法的总体特征来分类，培育工匠精神教育方法可以划分为教育工作者的认识方法和实践方法；按培育工匠精神教育方法的普遍性程度，又可划分为哲学方法、技术方法和专业工作方法。

四、新青年工匠精神培育的现代技术方法

现代技术方法的种类很多，这就要求教育工作者要针对不同的对象准确选择合适的方法，避免方法的混用或错位。同时，各类技术方法又存在着相互联系、相互制约的关系。如果在培育工匠精神教育中孤立应用一种或几种方法，虽然也能收到某些成效，但会有很大的局限性。为此，教育工作者在工作中，应努力使各种方法和技术相互补充，发挥各种方法的综合功能。在当代教育工作中，尤其是培育工匠精神教育中，使用得比较多的方法包括系统方法、数学方法和预测方法。

（一）系统方法

1. 概念

系统方法指的是依据事物本身的系统性，将选择的对象放在系统的形式中进行考察和处理的方法。这种方法基于系统的观点，坚持从整体与部分、系统与环境的关系中对相关对象进行考察，最终获得问题处理的最优解。系统方法的显著特点是整体性、综合性、动态性、开放性、环境适应性等。

整体性反对传统工作事先把对象分成多个单一的个体。从系统管理目标上分析，任何系统都体现系统管理目标的整体性。从系统管理功能上分析，系统大于个体之和。

综合性就是指在进行教育管理时，要把系统的所有要素联系起来。综合考察其中的共同性和规律性，它从两个方面对教育工作者提出要求：一是培育工匠精神教育目标综合，即要求教育系统各个部分必须围绕系统总目标开展工作，或者说要求一个学校的最高领导必须用培育工匠精神总目标去统摄各部分的分目标；二是培育工匠精神教育过程中各个部分功能的综合，即各个部分功能要按照培育工匠精神教育总目标运行。同时系统综合性原理还提示教育工作关注两个问题：第一是系统可以分解，由于系统都是由许多要素综合起来形成的，因此，任何复杂的系统都是可以分解的。第二是综合可以创造新事物，现有的事物或要素通过特定的综合可能生成新的事物和系统。

动态性主要体现在系统管理要素的动态性和系统管理功能的动态性两种形态。培育工匠精神教育系统要素的动态性表现在两个方面。一方面，培育工匠精

神教育系统要素之间存在着纷繁复杂的联系，这种联系就是一种运动。系统要完成功能输出，需要内部要素相互作用、相互影响，形成一定的输出模式，这个过程本身是动态的。另一方面，培育工匠精神教育系统要素与环境的相互作用是一种运动。由于现实生活中封闭系统是相对的，开放系统则是多数，因此，系统与环境之间会存在信息、能量或者物质的交换活动，这个相互作用过程也是动态的。培育工匠精神教育系统功能的动态性主要表现为：培育工匠精神教育系统的功能是时间的函数，它会伴随着诸多因素的变化而变化。

在一个非理想的状态之下，并不存在一个与外部环境完全不进行物质、能量、信息交换的系统，简单来说，这就是所有存在的系统都是开放性的。

环境适应性是系统方法的第五个特点。在系统的环境适应性理念的指导下，教育工作者进行培育工匠精神教育决策时既要清醒地认识系统本身的局限性，设计出有利于学生素质提升的工作方案。

系统方法改变教育主体的思想方法，给整个教育方法论带来深刻的革命性变化。借助于系统方法能够促使教育工作者对培育工匠精神教育的研究方式发生诸如逐渐从以个体为中心过渡到以系统为中心，从单值地过渡到多值的变化。这些变化，不仅改变了培育工匠精神教育的图景，改变了教育工作的知识体系，同时也引起了培育工匠精神教育主体世界观和方法论的深刻质变。

2. 特征

同传统方法相比，现代技术方法具有三个明显的特征。

（1）系统性和择优性

一般说来，每一种现代技术方法都有内在的系统性，包括明确的目标，一定的约束条件，达到目标的程序和方法以及信息反馈等，从而为科学地解决问题提供一定的模式或模型，使复杂的工作实现科学化。例如，在培育工匠精神教育实践中，引进并建立数学模型进行求解的过程，也是优化的过程。又如在一定的约束条件下，对多元教育工作目标选择最佳的组合方案，或在一定的目标要求下，对各种约束条件进行选择和组合，都存在择优的过程。

（2）区别性和融合性

现代技术方法使培育工匠精神教育信息数据化，并能把培育工匠精神教育的定性分析与定量分析密切结合起来。现代技术方法区别于传统工作方法的一个重要标志，就是使教育工作活动从定性分析发展为定量分析，从依靠经验判断转变为数理决策。因为建立数学模型，进行定量分析，可使培育工匠精神教育任务进一步科学化，大大提高了教育系统的运转速度和工作效率。

（3）通用性和关联性

现代技术方法应用的范围较广，在解决培育工匠精神教育系统中复杂的实际问题时，各种方法可以相互补充，发挥多方法配套使用的整体功能。

（二）数学方法

1. 概念

数学本身不是目的，而是一种工具和手段，这在应用数学表现得特别具体而清楚。因为应用数学就是为设计解决各种具体教学课题而产生的数学工具，是给某一具体课题提供适当而有效的数学方法。

2. 特征

数学方法有以下几个主要特点：

（1）抽象性

现实对象是复杂具体的，每一事物无一不是质和量的有机体。只有经过抽象加工，才能便于人类进一步把握。

（2）精确性

数学具有逻辑的严密性和结论的确定性。数学推导是严格按照一定的规则进行的，只要前提正确，那么，由数学的内在逻辑所推出的结果本身具有毋庸置疑的确定性。运用数学方法，对客观事物中各种质的量以及量的关系、量的变化进行推导和演算，使现象及其过程能够得到精确的定量描述。所以，数学方法也是决策最优化的可靠工具，利用数学模型对几种可能的方案进行推导和演算，就能从数量上进行精确的比较，帮助人们选择最优的方案。

（3）普遍性

数学对象的普遍性决定了数学方法的普遍性。数量及其关系是各种事物所具有的共同特征。任何事物既存在质的方面，又存在量的方面，没有质的事物固然不存在，没有量的事物也不存在。既然任何事物都是质和量的统一，那么从可能性来说，任何领域都可以应用数学和数学分析，培育工匠精神工作自然也不例外。

数学作为数量结构科学，数学方法的普遍性还反映了异质同构现象的存在。就是说，不同质的事物和系统可以存在着同样的数量关系，而同样的数量关系，又可以反映不同的物质存在形态和不同的物质运动过程。

数学方法可以应用于各门科学，这是就原则和理论来说的，要把这种原则和理论上的可能性变为现实，需要人类不断的探索。科学和社会发展的历史表明，进行质的定性分析，相对来说比较容易，而进行定量分析就比较困难。近代科学产生以后数学方法首先在力学和物理学中得到了广泛的应用，之后是化学。目前，数学方法在社会科学某些领域中也开始得到了应用，比如运筹学在一些社会科学中正在显示出它的作用。

随着现代科学的不断进步，数学方法也开始应用于教育工作中。在数学方法的参与下，部分培育工匠精神工作就可以运用数学模式程序来表示计划、组织、控制、决策等合乎逻辑的程序，求出最优的答案，从而达到目标。

（三）预测方法

预测是指对于客观事物未来发展状况进行分析、估计、设想和推断。预测并不神秘，事实上，人们时时处处都在做出预测判断，例如出门需注意天气的变化，预定乘车路线等。总之，要实施一个有目的的行动，都必然会有一个对未来的考虑过程，这个过程就包含预测。日常生活中的预测，一般比较简单，较易执行。但对培育工匠精神教育活动来说，预测的内容就复杂多了。若要进行科学预测，只有对客观事物的历史与现状进行科学分析与调查研究之后，从已知对未知、从过去对未来进行推测，最终成功预见被推测事物在未来的发展趋势与变化的规律，值得注意的是，科学预测并不是没有根据地胡乱揣测，而是基于正确的理论指导，对客观事物进行深入的分析，并使用现代化的先进预测技术对其进行系统性研究。

1. 专家评估法

专家评估法组织有关领域的专家运用专业方面的经验和理论，研究预测对象的性质，对过去和现在发生的问题进行综合分析，借以对教育工作未来的发展远景做判断。专家评估法主要包括个人判断、专家会议和德尔菲法（即专家意见法）等。个人判断一般指专家权威凭个人经验和知识才能做出预测。专家会议即依靠专家集体智慧做出预测。德尔斐法是由美国兰德公司首先采用的一种方法，又称专家调查法，这是采用书面的形式征询各个专家的意见、背靠背地反复多次汇总与征询意见，最后得出一个比较一致的预测意见。

2. 预兆预测法

这是通过调查研究前超现象推断后继现象的一种预测方法，它是因果联系最简捷的发现形式。预兆预测法的关键，是准确掌握后继现象与前超现象之间的种种联系，特别要注意两者的内在联系，排除偶然性。有时只知道两者相随发生，并不知道其内在联系，这种预测便是不可靠的。只有密切注意两种现象相随的再现率，并通过思考以发现二者之间的本质联系，才能确定引起后继现象的前超现象，从而对将来的发展方向做出正确的判断和评估。

3. 回归分析法

回归分析法是指对能够引起诸多未来状态变化的各种客观因素的相互作用的研究，并找到各种客观因素与未来状态之间存在怎样的统计关系的方法，这种由数学工具建立的预测方法的理论基础是事物间的因果性原理，在对诸多随机事件进行调查的过程当中，我们发现，部分变量之间可能存在着某些特定的依赖关系，甚至于一个变量发生变化还会促使另一个变量发生变化。若是人们能够准确地发现这些变量之间所存在的数量关系，就表现为函数关系，若是不能够对相关数量关系进行准确界定，就只能利用大量的数据分析来找到其中存在的某种相关性关系。为了能够对事物存在的因果规律进行定量地把握，就可以使用回归分析的中介，使相关关系转化为函数关系。回归分析，就是根据大量统计数据来近似地确定变量间的函数关系，即定量确定相关因素间的规律时方法，它可以用来预测未来。

4. 类推法

类推法至少是在两个事物中进行的，一个作为模型出现，另一个作为被预测事物出现，前者称为类推模型，后者称为类推物。类推法的本质是把类推物与类推模型进行逐项比较，如果发现两事物间的基本特征相似，并且有相同的矛盾性质，就可用类推模型来预测类推物。科学预测方法在培育工匠精神工作中，具有关键性的作用。基于决策程序进行观测，可以很明显地发现预测的重要性，若是不能够准确预测未来的发展趋势就不能够确定决策目标，这就使整个决策充满冒险与不可靠；如果没有预测的可靠根据，就有可能造成再次失误。

提高预测水平是提高教育工作者应变能力的重要一环，随着科学技术的迅猛发展，特别是现代化通信工具、信息技术、计算机的应用，使教育工作者面对一个瞬息万变的世界，对各种不同的事物开展预测，提高应变能力，对各种不同的可能性，做出不同的预测判断。加强预测也是提高工作效率和经济效益的迫切需要。

第二节　新青年工匠精神培育的路径分析

一、新青年工匠精神的培养对策

要培养符合当代中国发展目标的工匠，在院校中构建有利于培养企业用得上的高水平青年工匠的教育体系就显得十分必要。培育高水平青年工匠是一项系统性工作，培养在校大学生的专业技能和素质是基础。目前很多院校都在原有的教学体系上，通过建设"双师型"队伍把原来只擅长于理论教学的教师队伍逐步转化成理论水平高兼具备实践经验的教师队伍，通过"请进来"邀请优秀工人技师进课堂，"走出去"创造学生进入企业顶岗实习等办法，全面提升学生专业技能和素质，努力实现学生毕业后就能进入生产一线工作的目标。

培育工匠精神则是许多高等职业院校面临的新课题，为了实现培育工匠精神的目标，其中最为关键的是我们需要构建一个相对独立却在一定程度上与原有的教学体系产生结合的学生培养体系。

（一）构建工匠精神培养体系的原则

构建有利于工匠精神培养的教育体系是一个系统的工程，笔者认为，在开展工匠精神培养过程中有一些原则需要遵循，其中比较典型的原则如下：

1. 科学性原则

工匠的生产实践活动是一种典型改造社会的工作，是人类创造人化社会的集中体现。有人认为工匠的生产实践活动与科学原理关系不大，事实上这种观点是不正确的。在人类解决问题的过程中，科学是任何环节都不可缺少的。科学性原则也是包括工匠的生产实践活动在内的一切社会活动的第一原则，工匠精神培养作为培养工作的组成部分也不例外。在工匠精神培养工作中，科学性原则主要体现在以下几个方面：

（1）工匠精神培养工作中所涉及的原理必须是科学的

工匠的实践活动可能依托于产品、可能依托于技术、还可能依托于服务，但不论何种形式的实践活动都必须符合事物发展的客观规律。试想一个工匠把自己的革新目标定位到发明和生产永动机上，其成功的可能性就可想而知了。不仅如此，工匠的主体活动是生产实践活动，要保证商业活动的"科学性"，就需要规避国家法律、道德不允许开展的领域，就需要杜绝国家法律不允许使用的生产手段，就要遵循产业的发展规律只有这样才能保证工匠实践活动的健康发展。如果工匠在生产实践中偷工减料，甚至个别人置国家法律法规于不顾，参与制假等活动，这种违反科学性原则的做法必将导致企业因违反法律而走向失败，也使工匠精神丢失殆尽。工匠精神培养必须坚持科学原则，把学生培养成有社会责任感的人，而不是投机分子。这样，学生将来投身社会后才会成为对社会有用的能工巧匠。

（2）工匠精神培养工作的决策应该科学

教育工作中决策是不可或缺的，在决策过程中要对目前掌握的信息进行分析判断。现代社会中的人类活动逐渐变得复杂，并且在高校教育活动当中涉及的信息也愈发庞杂，我们不能再仅通过经验进行相关判断。要更好地对信息进行处理，就要熟练地运用统计学的知识。完成了对信息的处理、分析，决策工作才会顺利进行。而要实施决策就需要提出一系列备选方案进行权衡、比较，如果没有现代管理学知识，备选方案的设计、权衡、比较也将无法进行。因此，方案决策必须以科学为基础，开展工匠精神培养工作要坚持科学决策。

（3）工匠精神培养工作的计划安排应当是科学的

一个好的方案，如果没有具体的规划将不可能得到实施。任何方案确定之后都需要制定周密的实施计划，要分析清楚计划的关键环节在哪里？哪些工作是后续工作不可或缺的基础？哪些工作可以平行进行？哪些工作必须按先后顺序执行？在保证完成工作计划、达到工作目标的基础上，订立最好的可供执行的计划是计划安排的目的。要达到这一目的，就应当安排科学的活动计划。为保证工匠精神培养工作的顺利开展，就应当基于本校的特色，有针对性地做出系统性的计划。

（4）工匠精神培养工作的实施过程是科学的

有了计划就需要具体的实施，而实施过程中，保证计划在实施中的执行效果和面对计划以外问题的及时处理是实施过程中的两个关键环节。要保证计划的执行效果，首先要有科学的工作态度，实施工作的负责人分清楚哪些工作是必须执行、不能变通的，哪些工作是自己有权决定的。面对问题，实施工作的负责人要首先判断当前所面临问题的性质。分清问题是自己可以做决定的，还是需要向上级或决策者反馈的。做出这些判断的基础归根到底还是科学原理。若是在开展工匠精神的培养工作时不重视其本身的特殊性，就很可能违反工匠精神培养规律，甚至于会将工匠精神培养工作引入歧途。

2. 有限理性支配下的简单性原则

若要开展工匠精神培养工作就需要相关教育工作者坚持理性的思考与判断，但遗憾的是，人类自身所能够进行思考的范围是有限的。这时候，人类就要进行有限理性的思考，而在有限理性支配下的人就会选择简单性原则。开展工匠精神培养工作同样要坚持这一原则。

有限理性就是对理性活动者自身的思考、推理、计算和认知能力等的局限性进行强调，总的来说，就是决策者在较为复杂的外界环境当中，受限于自身的认知能力的情况之下，尽力达到的具有一定目的的行为规范。作为有限理性说的重要表现形式，高校教育工作在开展教育活动的过程当中，人们不但能够看到教育者对外部环境的适应，还能够看到教育者技能局限性对适应过程的意义。有限理性说为教育者制定有效的决策、设计和规划，提供了规定性的原则。因此，"寻求满意"的原则（简称满意原则）已经成为教育领域中最重要的原则之一。而要寻求满意的结果就需要对问题进行简化。因此，努力使问题简单化和寻求满意是有限理性支配下人类活动的必然选择。这一点，值得教育工作者在工匠精神培养工作中注意。

（二）构建工匠精神培养体系

工匠精神培养工作目标就是在教给学生专业知识的同时，培养学生的实践能力，提高其综合能力。完成这个任务的关键是建立有特色工匠精神培养体系。

1. 构建一体化课程促进工匠精神培养工作

一体化课程就是指将当代大学生所需要的专业知识与能力看作一个系统记进

行考量，并基于此创设一个前后关联紧密的课程体系，一般而言需要注意以下三个方面的问题。

其一，在工匠精神培养的一体化课程中，要加强训练与学生的时间能力培养相关但专业课程很少涉及的观察能力、想象能力、联想能力的培养，并努力培养学生的逆向思维、发散思维，以便提高学生的思维灵活性。为大学生营造一个适合激发自身潜能的心理环境，以确保大学生能够有效拓展思路，通过提升大学生思维的系统性，使其综合素质与能力得以提升。

其二，开发工匠精神培养一体化课程的目标的目的是促使学生树立起正确的理想，并培养其独立思考的能力，促进其产生属于自己的独特的、有创新性的观点，以便能够更加轻松地表达自己的思想，从而更好地为未来的工作服务。所以说，制定的教育目标应当重点关注怎样培养学生的应用能力。对教师来说，应当重点培养与激发学生的学习兴趣，帮助所有的学生都能够发现自身的不足，还要积极引导学生从不同方向与方法上查阅资料。最后还要鼓励学生参与各种活动，并积极展示自身的才华与学习成果。

最后，为了促进学生的能力得以逐步提升，最为重要的就是在教学的过程当中激发学生的参与意识，对于任何人来说，兴趣都是最好的老师，所以在教学过程中应首先培养学生的学习兴趣。总而言之，教师在教学过程当中应积极鼓励学生大胆发表自己的观点。另外，教师还可以运用多种教学手段与方法使学生能够获得足够多的实践与展示的机会，还需要对学生的设想、实践加以鼓励，使其大胆尝试。

如何能在教学中更好地保证学生学习到与未来生产实践所需的相关知识和能力？建立工匠精神培养一体化课程计划是关键。也是实现工匠精神培养工作从"是什么"向"怎么做"有效途径。工匠精神培养一体化课程是培养当代大学生生产实践所需的能力的系统方法。一般来说，工匠精神培养一体化课程计划应当具有以下重要特征。

首先，工匠精神培养一体化课程计划是围绕当代大学生生产实践所需的能力知识体系进行组织的，但是需要对教学计划进行重新调整，以便在生产实践当中所需要达到的诸多人才培养目标要求的各种能力之间呈现出有机联系与相互支持的状态。

其次，工匠精神培养一体化课程计划将学生未来参与生产实践活动时涉及的各种能力有机结合，以便能够形成相互支持的课程体系，从而有效减少专业学科知识与实践能力培养之间可能会发生的矛盾。

甚至，在工匠精神培养一体化课程计划中每个选修课或讲座都应当明确规定的关于当代社会生产实践所需的人才能力的学习效果，以便为学生将来自我学习打下良好的基础。

工匠精神培养一体化课程计划最终形成了一个总体效果大于各部分相加的教育系统。并且，这个教育系统当中的各种元素彼此之间互有联系并相互协调，其中的每一个元素都有着属于自己的明确的功能，所有元素之间通过相互作用使学生能够达到专业所订立的预期的学习效果。工匠精神培养一体化课程计划是通过与本科必修课教学基础相结合，培养大学生实践能力和工匠精神的系统性方法。当所学课程的有关内容和学习效果之间具有明确的联系时，实践能力和工匠精神应是可以相互支撑的。一个明确的计划使教育者可以将当代大学生实践能力和工匠精神培养工作进行整合。

工匠精神培养教师要能够在提高学生学习效果方面扮演重要的角色。如果教师确信围绕工匠精神培养工作进行的能力培养是重要的，他们就会在课程中将这些能力和工匠精神培养的教学目标结合起来。此时，当他们示范这些能力时，学生就可以在课程结束后的实践活动中培养这些能力。关键是教师要向学生说明工匠精神的培养在未来生产实践中的重要性和合理性。

2. 工匠精神培养一体化课程中的教、学环节分析

要实现工匠精神培养工作目标，实现教学目标的三大因素是教、学和评估。现阶段我们所面临的主要问题就是怎样面向学生开展学习效果评估，以及怎样正确处理教与学的关系就是建设工匠精神培养一体化课程当中最为关键的两个难题。

实践能力和工匠精神培养一体化课程教学目标是使在学生学习学科知识的同时，学习并实践未来生产实践活动相关的综合能力。前文已经分析了把能力融合到实践能力和工匠精神培养一体化课程中的重要性。教学工作是工匠精神培养一体化课程教学重要基础，结合以往经验形成的案例进行课程教学是实现讲座计划中所设定的教育目标的基础。这些方法的主要特点有：一体化学习计划要求有明

确的关于大学生综合实践能力培养的预期学习效果。一体化学习将工匠精神培养教师置身于学生学习理论知识和培养实践能力的中心，并对这两方面的教育所表现的价值与存在的联系进行了强调。经验学习使大学生置身于教育者将要面对的环境中。主动学习使学生能够实际参与模拟活动，这不仅可以应用于经验学习，而且可以应用于传统的学科课程和大班课程设置当中。教学实验表明，结合这些学习方法就会在很大程度上实现预期的学习效果。所以说，若是想要实现工匠精神培养一体化课程教学目标就应当重点关注学生对教与学的认识、一体化学习、提高一体化学习的方法和资源、主动学习和经验学习等方面的问题。下面将从学生对教与学的认识出发，逐步展开对工匠精神培养一体化课程教学相关问题的分析。

（1）学生对教与学的认识

为确保工匠精神培养一体化课程的教学得以顺利实施，我们需要对教学、学习和评估的方法进行广泛的使用。在开展教学之初，重要的一点就是要了解学生对现有学习方法的认识。实际上，学习和评估是相辅相成的。

学生常常会觉得在以往的专业课程学习中需要为考试去记忆理论，但并不知道理论知识与专业实践和解决问题之间的联系。这是一种死记硬背的学习方法，学生并不清楚这些理论的原理与应用，所以说，学生应当加强对于应用的重视，以便能够更好地掌握知识的所有内涵。简单来说，现阶段的很多学生为了能够更加适应课程提出的要求，只会进行死记硬背，这就导致学生们对所学知识内容的理解过于肤浅，也难以形成长期学习的积极性，没有足够的学习动力。并且，令人遗憾的是，因为肤浅学习，所以学生所能够学习到的知识结构十分混乱而且十分容易遗忘。若是能够使用深入学习的方法，就可以使学生所学的知识结构更加清晰，并且还能够长时间记忆。

所以说，在对学生的学习生活进行设计的时候，需要对学习与深入学习两种存在情况进行分析。对大多数学生来说，应用理论并与实践相结合就是自己学习和理解理论的动力。通过工匠精神培养工作为大学生们创造实践学习机会，就能够有效激发大学生的积极性，从而使其认识到自己所学习的知识是有价值的。借助学习积极性的提高就能够在一定程度上激发大学生对知识与能力的学习积极性，最终使大学生能够对自己在未来参与的生产实践当中所承担的角色产生信心。

（2）提高一体化学习的方法和资源

若是要实现工匠精神培养一体化课程教学目标就需要从工匠精神培养工作目标确定开始，完成指定的预期学习效果。在教学计划的设计过程中，要尽可能保证工匠精神培养工作的目标效果在一体化课程中基本得到正确的反映。然而，学习效果的改进和详细的设计却是每一个课程的任务。

在课程学习的效果当中对能力进行明确指定，能够确保之后对这些能力进行相应的教学评估，否则教师可能在对课程目标产生异议的时候发生冲突。

通过对预期学习效果进行明确定义并形成一致意见，为工匠精神培养工作提供了一条解决问题和避免产生不必要冲突的途径。预期学习效果描述学生在参与课程学习之后能做什么。诸如此类的学习效果应当与能够观察到的表现保持一致，简单来说就是可以通过学生的表现与教师的判断来明确是否达到了预期效果。预期学习效果还明确了学生通过学习应当达到的理解水平与能力水平。一般而言，我们认为教育目标分类法大致可以有如下六种知识与能力掌握水平：了解、理解、应用、分析、综合、评价。

很多的学习效果自最初的时候就是通过应用与实践对学生自身的知识、能力、态度等进行表现的。值得注意的是，在综合实践能力训练过程当中，不能仅仅拥有理论知识，教师还应当教授给学生生产实践能力方面的学习方法。例如，安排学生辅助教育团队工作并不意味着他们就能自动地学习到教育的团队活动中所需的表达能力。因此，应当让学生对以下诸多问题加以理解明确，分别是怎样为团队计划与分配工作，以及怎样解决团队内部存在的冲突矛盾等问题。若是学生有机会进行实践，并将学习的理论概念加以运用，最终将实践过程当中获得的经验进行反思，就能够获得更加喜人的学习效果。为了能够对主动学习、经验学习等内容进行重新设计，就需要使教师也能够获得提升自身教学与评估能力的机会。更多地使用新的教学和评估方法需要付出很大的努力主动学习和经验学习的策划需要时间、资源和来自学习和评估专家的支持。

（3）主动学习和经验学习

一般而言，我们认为主动学习就是基于主动经验学习方法的教与学。其中主动学习方法，是为了能够让学生更好地直接参与到所需要解决的问题当中，要求学生主动进行操作，并积极思考相关概念并做出明确的反应。由此，不但能够确保学生学的更多，还能够使其明白自己学到了什么以及应当怎样进行学习。在这一过程当中，能够有效提高学生自身学习理论知识与掌握实践能力的动力，并获得良好的学习效果，甚至于还能够有效培养学生的终身学习习惯。对于学生来说，主动学习能够帮助自己深化学习，若要掌握这种深化学习的方法，就应当积极主动地去理解相关概念。主动学习与经验学习的方法能够有效影响到学生自身的学习方式。借助于深化的学习方法，还能够有效激发学生的学习兴趣，使得学生在学习的过程当中扮演主动的角色时，能够获得更加良好的学习效果。因为学生主动参与到学习当中，所以，能够促使学生将自己所学习的知识以及新的概念进行更好的联系。通常来讲，我们所指的经验学习，是使学生在相应的专业环境当中，通过模拟专业的角色进行相应的教学活动。经验学习的方法主要包含有基于具体表达活动的学习、仿真、案例分析和模拟实现经验，值得注意的是，以上所列举的方法主要建立在学生怎样学习与提高认知能力教育理论的基础上。

工匠精神培养一体化课程与实践活动主要是根据经验学习实现的，在这一过程当中，对于经验学习的循环是基于不同的时间点开始的。因为不同的学生存在着共同的经验基础，所以若是在教学的过程当中与主动学习的方法进行结合，就需要基于思考观察的角度激励学生学习。学生在参加各种实际生产实践活动的时候，需要总结经验，逐步提升自身对于观点与原理的概括能力，最终通过主动实践等方式验证自己的新想法。在整个综合能力训练计划当中融入经验学习，就能有效加强知识的理解。

3. 培育工匠精神一体化课程的总体设计

现代社会的发展对各行各业的工作人员的素质要求越来越高，

社会主义经济建设需要理想、道德、知识、技能心理素质等因素全面发展且相互协调的人才。人才素质的构成是全方位的，它包括人的知识储备、职业素养、表达能力等。

根据传统的观点可以将人才按照知识与能力结构的类型进行划分，分别是学术型、工程型、技术型、技能型。为适应工业文明的需要，学校就应当依据一个统一的模式对学生进行培养，以便将其"制造"成为规格化的"标准件"。现代社会全方位地需要人才，并且对于需要的人才素质也要求是全方位的。所以说，现阶段的人才需求类型与传统的类型有着十分明显的差异，就算是一位普通的劳动者都不是简单类型的人才。我们对于工匠的定位是技能型的，但是略微偏向技术型人才，简单来说，在未来，工匠必须掌握本专业的基础理论知识以及专业应用技能，也因此，未来的工匠的非专业素质将会成为对人的能力加以衡量的关键性因素。

适应现代社会的工匠的非专业能力主要有思维能力、表达能力（包括书面表达能力和口头表达能力）和解决问题能力。在此基础之上加上良好的心态就形成了现代人才非专业能力体系。简而言之，非专业能力的核心就是以良好的心态创造性解决问题的能力。

工匠精神培养一体化课程是相对独立于原有课程体系的，课程要贯穿学生学习的始终，又要结合紧密。要提高大学生素质，尤其是非专业素质，就要首先培育大学生职业能力和工匠精神，形成良好的心态。同时，开展思维能力、表达能力、解决非专业问题所需的实践能力。基于此，笔者以三学期教学为模型，在原有教学内容基础上设计补充课程体系如下：第一学期，结合即将到来的顶岗实习环节，开设与工匠精神相关的课程，并通过相关案例进行讲解，为学生在未来顶岗实习中践行工匠精神提供理念参考。同时，抓住学习方法、学习习惯转换的时机，依托大学生新生入学新鲜感，通过开设创造创新思维与实践的课程，为学生讲授工匠在未来的工作当中所需要的一切，为以后的创新实践奠定基础。第二学期，通过大学生暑假社会实践活动为学生开设相关教育课程，为其讲授社会实践存在的意义与价值、社会实践设计，并使其能够掌握与社会实践相关的调研方法，以及社会实践成果的写作技巧。第三学期，以工匠未来工作所需的表达能力为重点，开设表达能力课程，讲授写作基本技能、工匠参加工作后涉及的各类文体的写作规范与技巧，同时介绍提高学生口才的方法和具体训练手段。

培育工匠精神是一个循序渐进的过程，要想培养符合市场经济需求的工匠就要打破专业界限，构筑新型平台是建立一体化课程体系的基础。

二、新青年工匠精神的培养途径

培养高职学生的"工匠精神"是一项系统工程，需要社会、学校、企业的共同参与。

（一）社会层面

从社会层面来说，培养高职学生工匠精神需要社会的指引和帮助，营造一个匠人职业受尊重的氛围，让广大高职学生热爱工匠职业，为成为一个匠人而感到自豪。这就要求社会弘扬"工匠精神"，使广大高职学生转变就业观念，并进一步健全奖励制度，提高职业的受尊重度。具体来说可以从以下几个方面进行。

1. 弘扬"工匠精神"，转变就业观念

工匠精神本身是一种严谨细致的精神，我国历史上，诸如古代的鲁班、庖丁以及现代的工人等都是工匠精神的践行者。就比如我国曾流传着"八级工拜师——精益求精"就是社会推崇工匠精神的证明。但是令人遗憾的是，近年来我国的很多地方与企业过分追求速度，逐渐遗忘工匠精神，致使很多青年并不愿意进入高职院校学习，也不愿意从事技术性的职业。

现阶段，世界上很多拥有发达制造业的国家都十分重视对本国工匠精神的培养。就以德国为例，德国就是通过发展制造业实现了现代化，而正是通过工匠精神才得以坚持走完整段路。值得注意的是，在现如今欧盟中，其他国家的经济不断衰退的情况下，德国经济并未出现大的波折，就是因为德国人更为追求卓越的工匠精神。

现如今，我国的经济正在进入转型期，亟须大量有着"工匠精神"的匠人。为解决这一问题，政府与社会应当格外重视宣传报道与工匠精神为系相关的事迹以及国外的职业教育发展经验、国内的职业教育发展成果等，由此促进民众对工匠精神有着更加深入的认知，逐渐打破职业不平等的观念。

2. 健全奖励制度，提高职业尊重

俗话说，三百六十行，行行出状元。从事任何一个职业的人都渴望自己的劳动得到肯定和尊重。近些年来我国经济实现了持续快速发展，机器正进一步代替手工，工匠精神逐渐被忽视了，工匠的地位有所下降，致使大多数人不再甘愿做工匠。

工匠也很需要外界对其工作进行肯定。在日本，一直存在的荣誉法则使得众多日本企业对某一产品、某一技艺等等精益求精，这也使得他们的工业制造能力维系着强大的地位。

若要培育工匠精神，就应当积极改善社会的文化环境，完善相应的激励制度。

值得注意的是，一个良好的社会文化环境，应当尊重奋战于一线劳动者的劳动成果，还应当让本国内的技术型人才，获得与之匹配的收入以及广阔的发展前途，除此之外，应当积极培育一个工匠的创新与创造精神，并且若是想要拥有工匠精神，就应当脚踏实地。

通过建立合理的激励机制就能够有效培养诸多产业工人养成精益求精的习惯，并在不断完善之后形成能体现工匠精神的行为准则与价值观念。政府应当奖励起健全的工匠激励机制，对那些有着工匠精神的人进行奖励，积极引导人们增强对于工匠精神的推崇。为产业工人建立起完善的制度体系，其中主要包含有奖励、培训、社会保障等，最终逐步形成一片培育工匠精神的良好土壤。值得注意的是，奖励政策可以包含有工资奖励、提高福利待遇或是表彰奖励等，甚至于还可以为工匠们制定各种匠人拔尖计划，并将有着突出贡献的工匠纳入其中，对其进行定期培训，为其提供相关津贴。借助政策激励，使得社会能够对工匠产生新的认识，有效提升社会对工匠的尊重程度。

（二）学校层面

现阶段的各大高职院校的主要任务就是培养学生的技能，并不重视培养学生的职业精神。但是需要注意的是，在新时代的背景之下，为实现"制造强国"，各高职院校的职业教育人才培养体系应当与工匠精神有机结合。若要培养学生的工匠精神，主要从学生观念、校园氛围、教学内容、教学实践四个方面进行。

1. 通过思政教学提高学生的职业道德观

在高职院校当中，不管是思政课还是创新创业课，都是学生的思想课。学校在为学生讲授职业道德与职业精神的时候，可以通过教师讲解与学生讨论等方式与方法开展，其主要目的是加强学生的思想境界教育以及学生的思想意识，使其能够明晰与工匠精神相关的种种知识，在明确工匠精神所代表的价值与发挥的作用之后，充分理解，积极发扬工匠精神，能够为自身的成长与发展产生怎样重要的意义。通过以上种种，能够有效促进学生形成良好的心态，并养成积极严谨的职业态度，在一定程度上有效提升自身的综合素质，真正实现健康成长与快速成才。现如今，工匠精神专业人才十分匮乏，学校在开展思政课程教育的时候，就应当将职业道德观念充分融入，确保社会主义核心价值观与工匠精神能够有机结合，并积极培养学生的职业道德观念；除此之外，还应当重点加强工匠精神教育，并将与工匠精神相关的思想观念充分融入思政课程当中，有效激发学生的学习兴趣与工匠意识。

2. 在专业教学中融入"工匠精神"

对学生来说，其自身所具备的专业素养，不仅仅包含专业技能，还包含专业精神。由此，对专业课教师来说，应当重点思考怎样在教学过程当中，有效提高学生的职业精神，并积极培养学生的工匠精神。学生自身所具备的专业能力，在很大程度上依赖于专业精神，也会直接影响到自身在毕业之后的就业与择业时给用人单位留下的第一印象。所以说，专业课的考核应当包含有专业技能的考核与专业精神的考核，应当重视专业精神并将其融入专业课程的教学考核考评当中，通过科学合理的考核细则对其进行评价。

对在学校内进行学习的学生来说，教师是其能够获取知识的最主要的方式，所以教师应当充分利用实训课对学生的专业精神进行相应的引导教育，通过对实训作品进行评比，并不断穿插结合与工匠精神相关的知识点，为学生介绍优秀的实训作品，由此，就能够通过潜移默化的方式，积极引导学生对工匠精神加以感悟。通过对学生进行工匠精神的培养，能够有效提高学生的专业能力与专业水平。在进行教学的过程当中，学校要将专业教育与工匠精神教育进行有机结合，从而形成科学的专业教学体系，对高职院校来说，因为工匠精神是高级技工的基本素质，所以，为了能够更好地培养出未来的工匠大师，就应当积极进行教学改革，在各个教学环节当中，充分融入工匠精神，并不断将人才培养方案进行完善与优化，坚持职业标准并积极增强学生的专业认知，确保能够对学生进行专业且专注的个性化培养。

（1）专业课程教学渗透工匠精神

教师在进行专业课程教学的时候，应当注意专业与职业并重的特点，重点对本专业的学生应当具备的职业素养进行研究与分析，以便能够更好地在进行专业课程教学时将工匠精神充分渗透进各个环节当中。对教师来说，相关知识体系应当重点强调那些基础的、成熟的以及适合使用的知识，以确保能够将培养工匠精神与教授的专业理论课程进行有机结合，从而创设出职业的问题情境，帮助学生获得更加有效的职业道德训练，并在教学的过程当中，为学生详细介绍本行业的发展历史，积极推进小班化的教学。

（2）实践技能训练体验工匠精神

教师在培育工匠精神的时候应当将其与实践教育、技能训练进行一定程度上的联系，以确保学生能够真切感受到其本身所蕴含的价值。除此之外，还应当重点关注学生本身所拥有的个性、特长以及选择的专业方向等方面的影响，从而对个人能力的发展加以突出，促使学生不仅能够掌握并精通一门技艺，还能够在此基础之上获取职业迁移能力。另外，教师还应当积极地对实训教学加以深化，以便能够持续性地推进与本专业相关的各种实训基地与实训室的建设，除此之外，还能够在日常的教学活动中通过进行职业角色扮演的方式帮助学生培养职业精神。学生还应当利用各种毕业设计、社会兼职、实践活动等，不断在劳动的过程当中探索与创新，学校也需要为学生搭建适合学生培养自身工匠精神的时间平台。

首先，对课堂实践加以重视。教师为确保能够创设一系列与工匠精神相关的课内实践的教育环节，需要充分发挥出诸如思政课、就业指导、职业素养等课堂的育人主阵地的功能。

其次，丰富校园实践。通过对组织管理形式进行完善，以便能够形成职业院校教务处、学工部、学校团委等部门之间互相协调配合的实践教学工作机制，并且，为培养大学生的工匠精神，应当定期开展相关主题的校内实训基地实践活动。

最后，对校外的实践进行拓展。对学校来说，为了更好地培养学生的工匠精神就应当积极获取社会的广泛支持，并对现有的实践教学资源加以整合，从而创建一批合适的校外实践教学的基地，使学生能够定期接受校外实践。

另外，还需要注意的是，工匠精神本身需要受到社会的认同，而若是想要社会对工匠精神加以认同就应当确保工匠能够切实遵循为民服务的宗旨。学校需要组织学生能够到本地的各个社区、广场、公园等地，为群众的生活提供便利的服务，使群众能够切实感受到职业教育为生活提供服务的便利。

（3）现代学徒制传递工匠精神

还可以通过建立现代学徒制的方式，建立起有企业高工、行业专家、专业教师等组成的教学团队，使得学生能够获得名师巧匠的亲切指导，在言传身教的环境之下，能够帮助学生建立起对职业的敬畏之心以及对于所学技艺的执着。除此之外，还需要进一步推进产教联动与校企合作，从而确保学生能够更快、更好地适应企业与社会的环境，并在融入社会的生产实际的条件之下，进一步增强自身对于新技术、新信息、新设备等的敏锐度与求知欲。通过对顶岗实习的充分利用，基于企业与岗位所拥有的特点，对学生所接受的职业精神教育进行加强，并通过合适的方式对学生进行动态考核。

（4）"互联网＋"提升工匠影响力

在"互联网＋"时代，牢牢把控工匠的主题，在新媒体的强大技术之下，利用建立官方微信、微博等平台的方式，在学生中广泛传播工匠精神，从而实现强化培育学生工匠精神的效果。第一点，需要在学校官方的微信平台上分批次、分时段地为学生推动与工匠精神相关的心灵鸡汤，还可以子啊班级微博当中发表一些与大国工匠相关的内容；第二点，是为师生搭建校园 BBS 师生交流互动与开展网络文化活动的服务平台；第三点，我们可以在诸如微信、微博等的网络载体之上开展各种各样吸引人的活动。

若是要培养技术型人才就需要借助于工匠精神的影响，对各院校的辅导员来说，因为自己身处于教育一线，所以更能够明白，只有将共享精神与学生的日常教育进行充分的融合，并积极探索能够对工匠精神加以培育的新形势与新方法，才能够切实地为国家培育合格的工匠，为我国的制造业树立典范。

3. 通过加强校园文化建设弘扬工匠精神

校园文化环境本身是一个将教育与艺术加以融合的能够说话的空间，值得注意的是，校园文化本身是将全校的教师与学生作为主体、将校园活动作为载体，并将校园精神作为主要特征的一种群体性的文化，其本身会在不知不觉间对学生产生很大程度上的影响。校园文化本身属于一种教育分为，且它是能够培育工匠精神的重要的载体。值得注意的是，我们若是使校园文化与工匠精神进行充分的融合，就需要加强对精神文化、制度文化、物质文化、行为文化等的建设，以确保学生能够建立起正确且科学的职业理想，使工匠精神得以与大学校园充分融合，为学生施加源源不断、潜移默化的影响。

（1）精神文化建设涵化工匠精神

主要可以通过开展以校训为主题的文化设计活动，使校风建设得以深化，从而促进学校精神塑造工程推进。除此之外，还应当充分发挥出校园文化对工匠精神养成的独特作用，使一些优秀的产业文化能够与教育进行融合，部分优秀的企业文化得以与校园进行融合，职业文化能够充分融入课堂当中，在此基础之上，学校还需要组织一些有着高尚的工匠精神的社会上的成功职业人士与本校毕业的优秀的校友对在校的学生进行专题报告或是经验分享，又或者是进行部分的优秀工作成果的展示，并大力推进职业素质养成工程。在教育当中融入当地的文化特点，并积极深化区域人文精神培育。建立起先进的文化传播阵地，通过开展博雅教育的方式，利用文化讲座、论坛等对中国传统的工匠文化加以弘扬。校方应当重视对书香校园的打造，并积极建立校内外的素质教育基地，从而更好地对现有的弘扬工匠精神的素质教育的各种特色活动加以丰富。

（2）制度文化建设塑造工匠精神

在开展日常教育教学的工作当中，教师应当将各种与本专业课程相关的行业、企业等的管理体制与规章制度融入其中，通过将各种操作规范张贴在醒目的位置，使学生能够充分了解到本专业需要了解并适应的企业的管理方式。值得注意的是，我们在对各项规章制度进行制定的时候，不管是校规校纪、还是奖惩管理等，都需要重点突出本职业的"高技能""应用型"等特点。通过对现代的大学制度的建设，成功引领现代工匠精神的塑造。除此之外，还应当重点关注对职业教育治理体系与治理能力的现代化的推进，积极优化内部的治理结构，使得定力的大学章程不但完全符合高等职业教育的发展规律，还能够充分体现出学校的特色，积极建立起适合各种情况的运行制度，有效推动对工匠精神的培育。

（3）物质文化建设传导工匠精神

可以对国内外的优秀的职业教育文化成果进行借鉴，确保实现文化间的交流与共享，从而更好地讲述工匠故事，使得文化的力量得以传承延续。若要通过物质文化建设来对工匠精神进行传导，就需要将行业要素与职业要素充分融入有具体形体的物质建设当中，坚持使用职业特点对诸如校园景观、楼宇与文化阵地等进行命名，还需要对条幅、雕塑或文化长廊等载体加以利用，通过各种标语的引导或是墙壁提示等，使学校内的教师与学生能够自觉自愿地感受并体会到工匠精神。为了能够凸显工匠精神的内涵，就需要对相应的文化景观建设加以优化，由此，不但能够使其与校园环境相协调，还能够有效体现出学校的特色，这样，不管学生位于学校的哪个角落，都能够充分感受到工匠精神的熏陶。

（4）行为文化建设彰显工匠精神

对那些能够充分反映出学校特色与校内的教师、学生价值追求的各种优秀的文化活动作品进行培育，最终形成一个能够符合广大校内教师与学生所期望的工匠精神养成需求、思想性与艺术性进行统一的优秀的文化活动体系。积极推进大型活动的精品化、中型活动的特色化以及小型活动的常态化，并加强与工匠精神进行紧密结合，从而更好地建设与发展校内的文体文化。除此之外，还可以积极推进各类仪式活动在形式上的改进与内容上的创新，并积极加强其中的各种仪式文化的象征意义，充分发挥出仪式本身所具备的文化育人的功能，并积极建设与发展仪式文化。

（三）企业层面

要想培育出完善的工匠精神就应当积极参与各种实践，值得注意的是，各企业都应当属于能够培育学生工匠精神的土壤。学校与企业之间应当不断开展交流与合作，积极探索现代学徒制教育教学模式的发展方向，对各种体制制度加以完善，最终成功发挥出企业所具备的培育学生工匠精神的作用。

1.发挥师傅角色作用

在师徒关系当中，师傅能够对徒弟产生多个方面的影响，一般而言，主要表现为以下三个方面，分别是：职业生涯、社会心理和角色模范。

（1）职业生涯

职业生涯是指学习上是否能够为徒弟提供的指导，以便能够潜移默化地影响徒弟，对于自身未来的职业生涯规划。在这一过程当中，是否会将工匠精神逐步内化到传徒弟技能的教育过程当中。

（2）社会心理

社会心理是指师傅帮助徒弟所建立的一种关于身份认同感、胜任力与效力的心理职能。师傅与徒弟之间存在着较为密切的联系，保持着亦师亦友的关系，在生活当中，师傅会通过给予徒弟关怀与认可的方式有效促进徒弟工作热情与工作积极性的提升，还可以重点培养徒弟自身严谨细致、积极认真、刻苦负责的工作态度。

（3）角色模范

角色模范是指师傅自身所具备的技术专长与表现的职业操守能够成为徒弟的模范与榜样。在极富"工匠精神"的师傅的带领下，能够潜移默化地对徒弟施加影响。

2. 完善顶岗实习考核

相关企业应当充分发挥工匠精神的育人功能，坚持对学生顶岗实习制度进行完善与优化，并将学生的知识技能与职业素质的表现考查进行有机结合，重点关注对学生的工匠精神等职业素质进行考查，值得注意的是，主要有以下三个方面的重点考查项目，其一是学生是否具有认真负责的工作态度，其二是学生是否拥有严谨细致且精益求精的精神，其三是学生是否具备刻苦钻研的工作作风。

第三节　工匠精神与高校思想政治教育的融合

一、工匠精神与高校思想政治教育的关系

中国精神中包含有工匠精神，简单来说，工匠精神是民族精神与时代精神交融的产物，其中蕴含有丰富的教育资源、卓越的价值追求，以及极富价值的育人经验，十分符合现阶段对大学生思想政治教育的培养要求，由此就能够使民族精神与时代精神能够在教育内容上具备相融性，在培养目标上具备相向性，在培养路径上呈现出相通性。

（一）内容相契合

现阶段的大学生思想政治教育的主要教育群体是青年大学生，旨在为其提供有目的、有组织、有计划的教育，以便能够促进青年大学生的全面发展，实现其自身角色的社会化。值得注意的是，大学生思想政治教育包含有多个内容体系，主要是为了实现大学生德智体美劳的综合发展。

在政治观教育方面，一直以来，大学生思想政治教育都是主流意识形态宣传教育的重要阵地，以便能够将党的指导思想与路线方针以及国家的精神传递给大学生，以便大学生能够坚定自身立场，保持正确的政治方向，这就在一定程度上能与工匠精神的内涵相融。近年来，我国越来越重视拥有行业精神与工匠精神的人才，并出台了多项政策对其进行支持。由此，我们能够确信对工匠精神加以培养，十分契合当前的国情与热点。高职院校通过加强对工匠精神的培养与践行，能够促使大学生更加自觉地关注各种弘扬工匠精神的国家政策制度，并积极学习

党和国家领导人关于新时代工匠精神的讲话精神，由此，就能自觉且有理有据的地回应和反击社会当中对工匠精神的种种偏见与质疑，身体力行地促进工匠精神政策与制度的推行。

在人生观的教育方面，现代大学更为重视对大学生思想政治教育、理想信念的培养，希望能够有效促进自我价值与社会价值的完美统一，这一追求与工匠精神强调德艺双修的人生境界十分相似。工匠精神较为强调将器物本身的变革上升为人生的修行，并且将"技进乎道，艺可同其神"这一人生理念融入工作当中，将其当作一种人生的修行，最终目的就是为了实现德艺双修的完美人生，究其根本，与大学生的思想政治教育所追求的德智体美劳全面发展有着很大程度上的相融性。

在道德观教育的方面，现阶段的大学生思想政治教育，更多的是将社会公德、职业道德、家庭美德以及个人的品德作为主要的教育内容，值得注意的是，工匠精神最初来自职业精神，它是对职业品德的深化与凝练，并且它还存在于个人优秀品德当中，能够在一定程度上体现出个人做事的理念与思维品性。所以说我们可以明白工匠精神所具有的内涵与大学生思想政治教育所包含的内容有着很大程度的契合性与相融性，充分挖掘工匠精神的教育资源，发挥其精神激励和价值引导的多维功能，将培养大学生工匠精神可以作为大学生思想政治教育的一部分。

（二）目标相承接

国家之所以开展大学生思想政治教育课程，主要是为了能够实现人的全面发展，具体来说就是为了能够为国家培养出可以全面发展的综合性人才。

在对学生进行德的培养的时候，需要明确的一点是，工匠精神本身是基于德艺双修的价值理念融入工作当中，其通过"技同乎道"的形式将打磨器物的品质转化为自身的人生追求，更为追求在工作中修行，以便能够更好地提升自身的职业道德与个人品行，由此，我们确信，其与大学生思想政治教育培养过程当中所涉及的职业道德的培养与个人品行的培养的目标存在着十分密切的关联性。

在智力培养方面，工匠精神十分重视创新尚巧的思维理念，以此来确保工作的严谨细致、完美无缺，并且在长时间的练习当中，不断磨炼自身的技艺，为社会服务，发挥出自身存在的价值。这一特点与高校的大学生思想政治教育所提倡的培养有扎实知识、创造创新能力等相关特性的时代新人有着较高的重合度。

在美的培养方面，工匠精神指的是工匠在对客观世界进行改造的时候所获取的道义上的修行以及某些具有创造性的审美体验，值得注意的是，工匠自身所具备的审美追求就是创作出精美的作品或者是为人提供优质化的服务功能等，并且，这一理念与在大学生思想政治教育中培养有着美学底蕴与艺术追求的人才存在着很大程度上的相似性。

由于工匠精神主要来自现代的各种产业实践当中，十分重视实际的动手以及实践过程中对所学知识的运用能力，这一特点在一定程度上对大学生思想政治教育中培养学生的动手能力与劳动素质进行了启发与引导。所以说，将大学生思想政治教育的课程与工匠精神进行一定程度上的融合就能够使其更具实践性与生动性，从而更加适合对大学生的全面培养。

（三）教育方式相互通

大学生思想政治教育在确立人才培养路径的时候，会有目的地使用计划与组织等手段将社会发展所需要的种种思想观念、政治观点与道德规范纳入大学生自身的态度体系当中，是指真正成为自身的意识形态组成中极为重要的一部分。值得注意的是，在这一过程当中，不但要遭受外部条件的制约，还会在一定程度上进行自身的内在思想矛盾的转化，才能够真正实现从认知向着实践的转化。简单来说，必然要经历知、情、信、意、行五个环节，才能使学生真正领悟到自己所学习的知识与道德观念，并且，工匠精神的培养也在一定程度上与之相似，就比如，每一位精彩卓绝的大国工匠都是通过师徒相授或是接受职业教育的理论知识才成长起来的，在不断的实践过程当中，逐渐增强自身技艺或者经验的积累，在这一过程当中逐渐加深自己对所做工作的热情，变得专注与严谨。伴随着经验的不断累积，开始将之贯穿于自己的人生经验哲学当中，并逐渐影响自己的世界观、人生观、价值观的形成，最终坚定信念，将之不懈地应用于自己的事业当中，不断地证明。通过对其成长路径进行观测，可以明显地发现，这一成长路径依旧是先经历知、情、信、意、行五个环节，在经历从知识、到热爱、到专注与笃定，最终将之转化为得以实践的生产力，由此就能够为在大学生思想政治教育的过程当中培育大学生的新时代工匠精神提供了很大的可能性。

二、工匠精神融入高校思想政治教育的理论依据和现实意义

在明晰工匠精神的内涵及其与大学生思想政治教育的关系基础上对工匠精神融入高校思想政治教育的理论依据和现实意义进行深入探讨，就能够明确这一行为的理论支持与现实动力。

（一）理论依据

1. 马克思主义关于人的全面发展理论

马克思主义中存在有与人的需求、人的能力、人的社会关系和人的个性的全面发展的内容，且马克思主义认为人的需求与动物的需求相比多了些无限的"广泛性"。对人类来说，为了满足自身的生存需求，首先需要解决衣食住行方面的问题，这一需求就是人类最原始、最自然、最根本的需求。只有解决了这些需求才有余力去解决精神方面的需求。另外需要注意的是，在《德意志意识形态》中，马克思认为，若要实现人的能力全面发展就要确保人自身的智力、体力在社会生产过程当中得到尽可能多方面、充分、自由、和谐的发展，从而使每个人都能够成为"各方面都有能力的人，即能通晓整个生产系统的人。"[1] 由此，马克思认为："生产劳动同智育和体育相结合，它不仅是提高社会生产的一种方法，而且是造就全面发展的人的唯一方法。"[2] 所以说，基于人的能力的角度对人类进行观测，能够明显发现，人能够对人的能力全面发展形成制约的关键因素主要有以下几点，分别是：人的劳动能力、道德素质、智力水平。所以，在人的社会关系全面发展的方面，马克思认为："人不是单个人所固有的抽象物，在其现实性上它是社会关系的总和。"[3] 我们能够很明显地从上面这段话当中明晰人的社会属性，即社会是由人所构成的，人也是社会中的一员，绝对不能够脱离社会单独存在。所以说，若是想要真正实现人的个体自由与全面的发展，就应当确保人能够实现自身的社会关系的自由发展。为了实现人的社会关系的全面发展，首先，要明确社会对人存在着直接作用，具体表现为社会大环境的构建；其次，是由人的主观能动性的发挥所决定的，简单来说，就是个体对于自我的社会关系的处理与建构能力。最后，马克思在对人的个性的全面发展进行研究的时候，认为世界上存在的每一个

---

[1] 马克思，恩格斯. 马克思恩格斯全集（第4卷）[M]. 北京：人民出版社，1958：370.
[2] 马克思，恩格斯. 马克思恩格斯全集（第23卷）[M]. 北京：人民出版社，1972：530.
[3] 马克思，恩格斯. 马克思恩格斯全集（第1卷）[M]. 北京：人民出版社，1999：60.

人都有着属于自己的独特的品质与精神，所以说在人的全面发展过程当中应当因势利导，以便能够凸显其个性本质，最终在对人才的培养上面表现出一定的差异性，实现差异化培养与精准化定位。

马克思主义拥有完善的关于人的全面发展的理论，能够为怎样培养社会主义国家的建设者与接班人提供科学合理的理论依据。在进行人才培育的时候，工匠精神更为重视对个体的专业本领、做事风格、创新思维等的培养，以期实现人的全面发展。工匠精神本身十分重视个人协作的团队意识、创新的思维理念等对于人的各方面的全面发展的深远影响。所以说，在对于人的培育以及品质的塑造方面，工匠精神所发挥的作用十分符合马克思对于人的发展理论审视与发展需求，并且，还能够通过精神引导与模式构建使大学生个体的全面发展得以实现。

2. 其他学科关于工匠精神的相关理论

（1）管理学人力资本理论

人力资本理论最早出现在 20 世纪 60 年代，美国的经济学家舒尔茨是对其进行系统性阐述的第一人。舒尔茨基于人力资本的边际效益进行研究，认为人力资本就是所有附加于个体身上的脑力与体力的总和。但是需要注意的是，贝克尔则基于人力资本投资与个人收益的关系这一角度，充分论证了人力资源与个人收益至今存在的正当性比例，并进一步强调了人力资本就是个体身上所有的资本价值的总和，这之中包含有个体在教育、培训、医疗、卫生、迁移等方面的投入，并且，在贝克尔进行走访调查的时候，明显发现，这些投入虽然周期长，但是能够确保当事人能够终身受益。

根据该理论可以认为教育本身就是实现人力资本增长的一种方式，教育通过传授给学生专业知识技能，能够实现对人的个体价值的附加，也能够推动人实现日后的经济增益与价值创造。人力资本理论使工匠精神的融入获得了未来预期的参考，也在一定程度上坚定了精神的现实转化能力。值得注意的是，我们应当坚持将人力资本理论作为融入的指导依据，并在融入的过程当中，逐步加大对于学生工匠精神的相关投入，我们坚信，在高校大学生思想政治教育课程当中融入工匠精神能够有效促进个体的品质塑造与行为转化能力的进步。

（2）心理学社会认知理论

社会认知理论最早出现于 20 世纪 70 年代的西方，提出者是班杜拉，在班杜拉看来，能够对个体的行为构建产生较大影响的主要就是个人的认知、行为与环境这三个因素与它们之间的相互作用，所以说，个人认知因素在学习当中发挥着十分重要的作用。在班杜拉看来，个体的认知可以分为多个方面，就比如对于预期目标的认知或者是对于职业的认知等，以上种种认知能够在一定程度上加深自己对于完成某一个特定的领域内的行为目标所需的能力或信念，由此不仅能够有效激发自身在行动过程当中的效能感而能使个体创设出一个对自己行动有利的环境，并对其进行一定程度上的控制。

基于班杜拉的社会认知理论，我们能够明确通过对学习与职业的认知，我们能够在学习或者工作的时候，基于认知的角度表征或是转换自身的认知体验。工匠精神本身并不是来源于人的天性，更多的是个体对于自身学习或工作中所接触的事物与场景所产生的一种认知性的体验。借助于这种认知性体验能够有效加深我们自身学习与工作当中的效能感，从而使我们能够在认知与践行的过程当中达到较为理想的境界。就比如，正是因为我们对自身所从事的职业有着认同与热爱，所以始终秉持着精益求精的工作态度，以期能够产出足够优秀的产品，以上种种就在一定程度上都为工匠精神融入大学生的思想政治教育当中提供了现实依据与重要启示。工匠精神正是来自对自身所从事的职业的热爱，也因此甘于默默奉献，不断锤炼自身的技艺精益求精，最终实现了职业技能与职业理想的完美统一。值得注意的是，将工匠精神融入大学生的思想政治教育当中也是需要有计划的，必须有层次、有目的、有步骤地将两者充分融合，才能获得良好的效果。在融合的初期，教师应当重点培养学生对学习或是职业的认同度，基于一个平等的地位与学生进行交流，探究学生内心对学习的兴趣以及对未来本行业的发展前景的关注，由此就能够基于所了解的信息在之后按部就班地培养学生的专业本领，并积极引导这些学生树立起适合自己的职业理想，最终成功将工匠精神真正融入自己内心的精神世界当中，由此就能够在日后的工作当中严谨细致、精益求精。

（二）现实意义

新时代的大学生思政教育工作应当顺应时代发展，并与工匠精神相融，在一定程度上提升大学生的思想政治教育的生命力，并对该课程的目标与内容加以完善与充实，从而有效增强大学生的就业竞争力与行业自信心，凸显大学生思想政治教育所坚守的立德树人的教育使命。

1. 服务国家战略

在全球产业结构都在进行深刻调整的时代背景之下，互联网浪潮之下产业要想优化升级就应当充分利用互联网的思维进行集约化生产与给个性化定制。为了抓住这一机遇，世界上的各个国家都在尽力推出自己的发展战略，以确保能够占据全球制造业产业链的顶端，成功实现本国产业的优化升级。基于这一时代背景，我国也正式开始实施2025战略，其目的是实现大国制造向大国精造的转变，大步迈向品质精造时代。但是需要注意的是，我国正在进行制造业的产业升级的关键时期，不仅有欧美等发达国家的围追堵截，还面临着诸如印度、巴西等有着优质的廉价劳动力与优势资源的发展中国家的追赶，我国若是想要突破重重包围，成功抢占产业制高点，就应当积极弘扬工匠精神，并为社会营造出精益求精的社会风气。若是要营造并培育相关的时代精神就应当坚持进行以人为核心的拥有着工匠精神的人才输出。在我国，高校的主要作用是进行人才的培养与输出，若要实现立德树人就应当开展积极有效的大学生思想政治教育，在开展大学生思想政治教育的过程当中，融入工匠精神，就能够有效促进大学生正确树立起符合时代发展也是国家所需要的做事风格与品质理念。值得注意的是，以上种种不仅是高校思想政治教育对接国家战略并契合时代的需要，提升自身生命力的重要保障，还是新时期的大学生思想政治教育所需要担负的时代重任。

2. 落实立德树人

高校思想政治教育的主要目的是对大学生的道德修养和思想品德加以提升，确保其能够自由且全面的可持续发展。工匠精神的内容要旨在很大程度上与高校思想政治教育的立德树人理念契合，其中，工匠精神的精神要义主要表现为工作严谨认真、坚忍执着、追求卓越等，这些都是当今社会所稀缺的精神品质。另外，工匠精神的价值追求与高校立德树人的价值立意存在着相向的契合关系。工匠精神本身并不偏执于技艺的研发和传承，更加重视将技与道完美融合统一，这就为高校立德树人当中将立德与树人完美统一提供了价值参考。除此之外，新时代的工匠精神所坚持的寓教于育的教育追求以及"师徒相授、心传体知"的教育模式等都能够为高校的思想政治教育提供教学所需的灵感与思路，由此就能够在新时代背景下更好地应对时代的要求并尊重个体自身的价值选择，有效提升高校思想政治教育的实效性，严格落实高校所坚持立德树人的教育使命。

3. 传递正确价值导向

当前这个时代，所有人都在强调进行产业升级，并且经济呈现出较为明显的降温态势，除此之外，为了推动人才供给侧改革，我们在强调做事品格应当严谨细致、精益求精，还在强调协作创新思维习惯与扎实过硬的专业本领。并且，在相关的政策推动之下，各级用人单位在进行人才引进与人才选拔的过程当中都十分重视专注精神、协作能力、过硬专业素养等方面的培养，由此就在一定程度上加深了未拥有完备的工匠精神的大学生在就业方面的现实难度。

若是将工匠精神融入大学生思想政治教育当中，首先需要将工匠精神的内涵要素内化为大学生自身的做事态度、精神品质、择业观念，从而基于正确的价值观念将国家的战略需要与自身的价值实现进行紧密地结合。由此就能够在一定程度上有效提升大学生关于时代与社会的认知水平，并依据时代发展所要求的精神品质严格要求自己。唯有如此，才可以有效减少用人单位的招聘条件与大学生自身的素质之间的落差，成功缓解大学生就业难、用人单位用工荒的局面，在提升大学生就业率的同时，使其能够认真磨炼自身匠技，最终将国家的需要与自身的兴趣进行紧密地结合。另外，工匠精神较为强调扎实的专业本领，使大学生自不断磨砺自身技能的同时向着优秀工匠师傅靠拢，最终树立起长远可行的职业规划，积极培养自身的专业热情与行业自信，利用自己的实际行动有效提升自身的就业能力与行业自信。

三、高校思想政治教育与工匠精神培育的模式构建

（一）"工匠精神"主体明确环节

以学生为中心的教学，就要求教师在进行教学的过程当中将自身放置在"学生中心"上面，充分尊重不同的学生所存在的心理与兴趣上的差异，并积极开展相关教学，从而激发学生所具备的自我意识与主体意识，教师可以在解决实际问题的过程当中有目的地提升自身的教学理念、知识要点的领悟与掌握能力，并坚持开发创新思维，提升创新能力。始终坚持知识的传授与价值的引领相统一，通过将最新的学科进展情况与教学相结合，利用启发式教学，充分激发学生的学习

兴趣与求知欲，教师还应当注意调动学生的学习积极性与创造性，将被动转化为主动，以确保学生自身自觉关注问题的意识以及分析解决问题的能力得到提升。始终坚持显性教育与隐性教育的统一与协调，突出育人为本、以德为先、德技并重，在开展专业实践教育的过程当中融入工匠精神的培育，促使学生能够在潜移默化当中将工匠精神内化而为自身的职业素养。

（二）"工匠精神"教学实践环节

为了应对新时代的科技革命与产业变革的挑战，维护国家的创新驱动发展，我国教育部通过开展国家级新工科研究与实践项目，推进工程教育改革的创新，大量培养创新型的工程技术人才，从而确保产业转型升级的顺利进行。工匠精神本身属于一种价值取向与行为表现，高校自主开展专业教育的过程中，应当重视工匠精神包含的诸多精神内涵的引入，从而促进学生专业能力与综合素养的增强，并不断提升高校应用型人才的社会竞争力。

通过相关实践训练类的人才培养过程能够促使学生获得足够多的成就感与获得感，使其能够真正认识到理论知识与实际应用之间所存在的差距，由此开始自我调整，最终实现学生的韧性培养与人格养成。

1. 深化产教融合协同育人模式

现阶段的应用型高校的人才培养结果并不适应社会的需求，致使大部分的毕业生难以产生足够的职业认同感，不仅不具备足够的综合应用能力，也没有获得较高的职业发展前景，为解决这一问题，就比如深化产教融合与校企合作，最终实现学校、企业、学生三者共赢。首先，需要增强产学研的实质性合作，创新旧有的教学思路，为学生提供合适的实践实训平台并加强对于实践创新教育的引导，由此就能够使学生更好地了解工匠精神的内涵，还需要通过实践实训平台，促使学生进行合作，真正落实工匠精神。其次，是在开展教学的时候，由学校创造条件，使得学生能够真实地进入企业当时实地学习实践，还可以要求企业内的工匠大师、技术能手等人来学校讲授经验，使学生能够与他们近距离接触，由此就能够通过多方合作，真正将工匠精神的培育融入专业产教融合与校企合作当中，引导学生向这些大师学习职业态度与职业技能，无论是价值引领，还是能力培养上面都能够获得良好的效果。

2. 强化"双创"教育

若要实现人的价值并使其得以全面发展就应当选择创造性劳动，并且工匠精神的培育与塑造也在很大程度上依赖创新实践。所以，若要培育工匠精神就应当充分利用创新创业教育，引领其实现高质量的有序发展，最终还要将创新创业教育融入人才培养全过程以及人的全面发展教育大格局当中。借助"双创"能够在实践过程当中拉近创新创业人物与学生的距离，利用讲述"双创"成功人物的故事鼓励学生近距离接触工匠精神，并使学生能够切实体会到奋斗当中的幸福感与创业所获得的成就感，最终实现个人的创业梦与国家的复兴梦的充分结合。

3. 完善专业课程建设体系

为适应区域社会经济以及行业发展的种种需求，我们需要建设一个合格的专业课程体系，以便能够有效提升学生的职业认同感与归属感。还可以将众多的思政教师与专业教师结合在一起，组成的团队能够发挥出各自的特长，也能够有效激发各专业学科自身所隐含的思政育人的元素，最终形成多元融合的教育教学模式。伴随着时代的发展，现阶段的很多应用型高校已经开始意识到将课程思政融入实验实训课程当中所存在的重要意义，更为重要的是，对应用型的人才培养来说，工匠将神的融入与培育能够发挥巨大的作用。通过推行知行合一的教育教学模式，坚持学生参与实践教学的次数，并积极加大学生的工程实训，促使学生能够在实践过程中应用自己所学并从中吸收经验，由此就能实现课堂教育与实践教育的有机结合。在开展实践教学的过程当中，应当格外重视避免形式主义的发生，使学生能够拥有极高的自由度，从而有效激发自身的自主性与创造力，最终实现"实践检验"。

4. 尝试案例式项目化探究教学

可以在课程思政当中加入一些典型案例样式的教学元素，就比如中国核动力领域的楷模——彭士禄，通过对其核事业的历程进行研讨式的讲述，就能够促使学生更加直观地感受到工匠精神，甚至于还能够引导部分学生建立起未来成为有着创新思维与创新创造能力的新型工科人才的远大志向。还可以通过探究性学习的方式有目的性地激发学生的意识认同，教师可以将所有学生分为多个小组，这些小组需要对教师中的匠人与学生中的匠人典型进行访谈，在访谈的过程当中，学生会在教师的引导下，在项目化的教学当中开展分工合作，真切感受到工匠精神的形成路径、基本内涵和外在表现，这样更能够有效增强学生的行业认同感、归属感和自豪感，最终实现价值认同。

（三）"工匠精神"宣传营造环节

文化不仅能够对人产生影响，还能够滋养人、塑造人。值得注意的是，工匠精神的培育并不是局限于课堂教育当中，还存在与各种实践教育当中，并且，最为重要的就是营造校园工匠文化。为了更好地在校园内部培育工匠精神、营造校园工匠文化氛围，学校需要可以通过思想宣传、舆论引导等方式。首先，需要现有的校园文化进行发扬，并基于此不断挖掘我国历史上的工匠典型，将其所涉及的素材经过整理之后通过校园文化长廊进行工匠精神的宣传与弘扬，从而为学生营造出良好的精神学习氛围。学生能够借此增强自身对工匠精神的体验与认知，从而更加坚定地树立工匠精神。其次，是可以邀请各位大国工匠、行业翘楚等进入校园当中为学生举办讲座等，由此就能有效激发学生的学习激情。还可以通过将各种优秀的企业文化融入到校园文化环境的建设当中。促使学生在校期间能够将理论与实践相结合，获得更加优秀的职业技能本领，并且，在接受良好的企业文化与职业素养的熏陶之后，能够培养出自身的高尚的职业品格，从而树立起崇高的职业理想，使自身在毕业之后更好地适应社会的变化，也更容易地融入企业的工作当中。

（四）"工匠精神"内培外引环节

为了更好地培育与弘扬工匠精神，教师是关键。为了能够确保学生习得扎实的专业知识与专业技能，教师就应当拥有不负众望的专业素养与较强的工匠精神，也正是一位教师自身的优秀才能够引领学生养成良好的职业素养与职业观念，并在价值观上养成强烈事业心、高度责任感、无私奉献职业道德以及崇高远大的职业理想。当前的高校教师，尽管拥有较强的科研能力与创新意识，但是并不具备足够的企业现场经验与时间问题的解决能力，这些教师所拥有的经验大多数是课题研究或项目实验方面，并且，这些教师并未对工匠精神有着足够的认识与了解。

为更好地培育与弘扬共享精神，我们可以积极引导一些专业教师从学者型向着工程型甚至于工匠型转变，最终培养出技术骨干、技术能手、技术技能大师等等层次的大师。为更好地实现这一目标，我们需要建立起科学合理的"工匠型"

教师培养体系，创建一个足够合理的创新型职务职称评定机制。积极鼓励相关专业教师通过获取本行业相关的从业证书或是资质证书等，来为自己的职务晋升或是绩效调整增光添彩，除此之外，还需要对"工匠型"的教师培养采取动态发展机制，确保实现对于各个阶段的工匠性质的资格实施动态管理，并将其与岗位聘用合同进行结合，有依据地开展聘期调整工作，以便能够实现专业教师向着工程化、工匠型的转变。我们需要不断对现有的教师考核评价与激励奖励机制进行完善，积极探索种种可行的分类考核评价管理办法，并在教师的支撑岗位晋升当中重点加强对于工程实践与职业素养的考核，由此就能够有效促进教师更加自觉地参与到各种项目开发与工程实践当中，以便有效提升自身的专业能力与职业素养，还能够使自身对企业文化与工匠精神的认同与追求得以强化，确保参加教学工作的教师能够严谨细致、积极认真、追求创新、追求卓越地进行教学，积极引导学生养成工匠精神。

四、高校思想政治教育与"工匠精神"培育的融合路径

（一）课程融入路径

1. 将工匠精神编入高校思政理论课教材

教材是知识的载体，能够辅助学生进行集中系统学习，也能够帮助教师开展教学。在编写高校思政教材的时候，应当重点对现今社会当中的国情风貌进行反映，以促使学生能够形成符合时代际遇与社会发展要求的良好精神禀性。但是需要注意的是，当今这个时代发展十分迅速，精神风貌也在不断地变化，由此就导致诸多高校内部的思政教材并没有及时更新而凸显出一定程度上的说教意味，也就直接降低了思政教育对学生的现实影响。一般而言，工匠精神包含有诸多的优秀品质，并且这些优秀品质还有诸多工匠大师们作为实例支撑，所以说，将其编入到教材当中能够有效培养大学生过硬的素质本领，也能够有效增强大学生思想政治教育的实效性。所以说，在大学生接受的思政教育当中，应当增添一些与工匠精神相关的章节，就比如在《思想道德修养与法律基础》当中的职业道德和就业观的章节就有与工匠精神相关的段落，不仅对工匠精神的内涵进行了解析，还搭配了合适的图片介绍，不仅方便了教师开展教材讲解，还有效促进学生系统且

深入地了解到新时代的工匠精神核心内涵与代表人物。另外，不同地区的高校也能够根据自身所处地域选择合适的优秀工匠作为示例，通过将这些真实的案例编入教材当中，不仅使教材的主要内容得以增色，还能够有效激发大学生的阅读兴趣，使其深入感悟工匠精神。

2. 将工匠精神融入高校思想政治理论课堂

增强大学生思想政治理论课程的实效性，应当确保有一个良好的课程教学设计以及组织实施，教师也应当根据不同学生的情况因材施教，重点对教学内容进行优化设计，从而构建起工匠精神得以融入的特色话语体系，实现工匠精神与高校思政课堂的充分融合。就比如在教授《马克思主义基本原理》这门课程中，教师就可以在讲授物质与意识所存在的辩证关系的时候，为学生系统地讲授人的主观精神对于客观的世界存在的巨大的能动作用，从而使学生能够充分意识到一个专注且创新的做事风格与态度，能够对自己将来的发展起到怎样重要的作用，以便实现学生对工匠精神的自我需求感。

在讲授中国近代史的时候，可以通过讲述近代以来实干兴邦的故事，促使学生能够学习工匠精神并积极参与到社会主义现代化的建设当中。教师还需要为学生讲授中国近代以来的诸多大国工匠的优秀事迹，引导学生了解到这些人所具备的匠人品质，从而为学生树立起正确的职业理想与做事态度。在讲授《思想道德修养与法律基础》的时候，教师应当注意将工匠精神充分融入社会主义核心价值观的培养与践行当中，向学生重点强调诚信、守法等优良的思想品质与价值观念，并帮助学生清晰分辨工匠精神与大学生的人生理想之间存在的关系，促使大学生在学习的过程当中保证自己的学习态度的端正并对自己未来的职业方向进行合理的规划，从而使大学生养成优良的职业品质，最终成功承担起新时代的建设者的重担。

教师还应当依据工匠精神所蕴含的精神特性，积极改进教学方法，重点培养大学生善于思考、追求创新的思维习惯与做事理念。对于教师来说，发挥"以己之力，推己及人"的榜样影响力，在教学过程当中，应当通过到场或是听课情况等对先进的学生提出表扬，并及时为学生讲述这些优良的品质对于之后自己进入职场当中有着怎样的重要性，以此在课堂当中培养工匠文化。另外，运用"不愤不悱，不启不发"的问题导向法。教师应当积极引导学生针对某一问题开展互动交流，确保所有同学都能够参与到探讨当中，教师还需要注意引导学生，以便最后学生们能够通过最优的思路解决问题，在这一过程当中，主要培养学生钻研的心态与追求极致的品质精神。最后，发扬"经世致用、知行合一"的新时代工匠情怀，在教学过程当中巧妙使用项目模拟法和现场教学法。并且可以通过设置情景模拟或是真实项目的操练，促使学生能够在某些特定的情景之下，通过个人负责或是小组合作的方式解决某些与专业相关的现实性的问题，并且，还可以通过走访各研方、院所等方式增加自己在专业领域的见闻并实现自身项目成果的转化。通过以上教学方法能够确保工匠精神彻底融入课堂教学环节当中，并促使学生更加深入地对其加以认识、理解和掌握。

3. 将工匠精神纳入高校思政课程考核体系

经过长时间的发展完善，高校思政课程考核体系已经发展成为将学分制作为基本的考试制度，并使用教学评价作为补充的形式，该形式能够有效衡量高校思政课堂教学质量。通过在大学生思政课程考核体系中融入工匠精神，辅以针对大学生工匠精神素质与培养的教学评价能够在很大程度上有效改善两者融合的"形式主义"的问题，同时也能够有效掌握现阶段的众多大学生对于工匠精神的认知、培育、践行的基本情况。

首先，教师能够通过在课堂上进行随堂测验或发放问卷的形式，全面掌握学生对于工匠精神的内涵以及相应的政策形式的认识情况，在充分了解的基础之上，就能够更有效保证之后的教学当中对存在的问题进行有针对性的讲解。

其次，教师需要制定一份能够准确表示工匠精神在课堂当中融入与体现的情况的量化表，并使用工匠精神的内涵因子将学生在上课期间的综合表现作为量化评判的标准，并将其作为学生的课程完成情况与工匠精神的弘扬与践行度的情况的重要标准，甚至于还能够将其作为课后教师对学生进行评价的评价依据。

最后，大学生思想政治教育融入工匠精神的教学评价过程中，应当使用终结性与形成性有机结合的教学评价形式。对学生正在形成的思想品性与精神素养等方面进行动态参评和静态分析结合的评价方式，对学生在课堂教学过程中不断累积的工匠精神素养立足"从无到有"和"从微到强"的发展态势开展形成性的认定，通过在开展最终的教学评价的时候，使用个人自评与他人互评的形式，以确保学生也能够真切明晰自身在弘扬与践行工匠精神的过程当中存在的问题与不足，并加以改进，教师也能够根据这种考核评价形式了解到就教学情况，及时反馈教学意见，以确保教师在进行课堂授课的过程当中有效减少与学生主观理解之间的"误差"。

（二）校园融入路径

1.转变校园文化建设理念，充分重视工匠精神

高校所具备的办学理念是在一定的历史时期之内形成的，对未来高校的发展有着前瞻性与规划性的建设理念，值得注意的是，校园文化是承担着将这一晦涩且抽象的宏观目标转化为求真、务实等具体的目标形态。为了确保工匠精神能够彻底融入大学生校园当中，首先就需要加强高校校园文化建设主体者对其的重视，以客观公正的角度对新时代的工匠精神在高校的办学定位与前景规划上所存在的精神价值，绝对不可以否认工匠精神所具备的积极的精神作用，并有意识地挖掘新时代的工匠精神的价值资源。除此之外，高校校园文化建设者在选择将工匠精神融入到校园文化的构建当中的时候，就需要始终坚持全程育人的建设理念，并树立起"大思政"的格局观，基于自身所占据的优势，对校园文化的创建与融入新布局加以完善，并统一各方思想，明确承担职责，保证所有的校园文化的建设者都有拥有崇工尚技的思想意识，从而有效保证能够校园文化的建设当中植入工匠精神的相关要素，并确保厚植校园工匠文化。

2.激活校园文化建设主体，培养工匠精神传承人

高校校园文化的建设需要多方通力合作，形成多元合力，最终营造出具有穿透力与凝聚力的校园文化氛围。若是将工匠精神融入校园文化建设当中，也必须要激活校园文化建设者主体，从而培养工匠精神的传承人与践行者。

（1）学校决定工匠精神融入校园文化的程度

学校各部门要对党和国家有关工匠精神的方针政策积极响应，通过各种形式学习先进模范，并组织观看新时代工匠精神主题纪录片。党员应当起到模范带头的作用，做新时代匠人，将匠人精神弘扬到党组织的具体工作当中，并坚持以严谨细致的态度开展党务工作。另外，学校还应当不断增强工匠精神的校园文化设计能力，根据不同专业的学院所存在的差异，构建符合差异化的以工匠精神为主体的党团活动，始终坚持学校党委为弘扬与践行工匠精神的前沿阵地。

（2）教师提升工匠精神融入校园文化的品质

教师本人对工匠精神的践行程度会直接反映出自身的敬业程度已经产生的教育影响。教师机本身也是新时代的工匠，也必然需要具备工匠精神，由此就需要教师不断提高自身的专业素养与道德水准，以确保在教学过程当中能够通过自身的工匠素养对学生进行言传身教。所以说，我们在建设校园文化的过程当中，我们应当加强对教师的专业化与职业化的科学规划，并严格执行教辅双岗制度，以确保所有的教师都能够以饱满的精力与充足的时间钻研教技、开展科研。另外，我们还能够成立校园教师工匠精神研讨小组，根据地方与高校的特色，开展不同的学院、不同的教师之间的教师经验分享交流等类型的活动，积极鼓励教师畅所欲言，从而产生思想上的碰撞，有效提升参与其中的部分教师的专研精神与统一备课的能力，并营造出高校教师圈内的敬业氛围，坚持不懈地为工匠精神的弘扬与传承添砖加瓦。

（3）学生激活校园文化建设的活力

作为校园文化建设当中的中坚力量，学生们有着种种优点，诸如才思敏捷、创意无限等，也正是因为学生的存在使得高校校园文化建设获得了新鲜的活力。在工匠精神融入校园文化创建的过程当中，学生社团与学生会等组织应当充分发挥出自身组织的校园文化建设的活力，可以划拨专项经费建立兴趣驱动型的大学生校园技工坊，并鼓励大学生主动编撰与工匠精神相关的文艺作品并进行演出或者是开展与工匠精神相关的事迹宣传主题月活动等，确保能够有效激发大学生的创新思维，始终坚持学生在工匠精神的创建活动当中占据主体地位，并逐步形成崇学尚技的优良学风。

（4）管理服务人员丰富了校园文化的内涵

作为创建高校文化过程当中的重要参与者，服务管理人员一直在工作当中对高校的校园文化进行诠释与创造。所以说，我们将工匠精神的核心因子融入高校服务管理人员的工作区域当中就能够更好地帮助大学生接受日常化的思想政治教育。在实际融入的过程当中，可以采用将部分工匠精神相关的元素与符号与校园内的绿化与基础设施的建设相结合，还可以依据校园内的特点塑造大国工匠雕塑，又或者是兴建艺术长廊进行新时代的工匠精神的宣传等方法，促进工匠精神与高校校园文化的高质量融合。

3.拓展校园文化建设渠道，丰富融入和创建的形式

校园文化也能够为大学生提供思想政治教育，只有充分挖掘工匠精神的教育资源，并在校园当中厚植工匠文化，以此来发挥出文化育人的教育影响，就能够成功将工匠精神融入到校园文化建设当中。高校要充分整合自身的教育资源，并依据自身所拥有的特色，使创新融入形式，并积极开展各种校园文化活动来充实大学生的课余生活，最终使大学生在工匠精神文明创建活动中自觉实现由"入脑"到"入心"再到"入行"。

首先，高校可以通过主题节日、纪念日等形式开展工匠精神主题教育活动。高校可以选择在工匠日当天开展工匠精神宣传教育活动，并在学校内部的关键位置派发工匠精神的宣传手册或是举行弘扬工匠精神的主题签字仪式等，除此之外，还可以组织学生参观工匠主题的博物馆或是观看传奇工匠纪录片等。另外，还可以依托于学术论坛这一载体，搭建适合工匠精神交流平台。高校为宣传工匠精神，应当在校内积极组织工匠精神学术研讨会，并在鼓励学生向校报等期刊专栏进行新时代工匠精神主题的投稿，还可以直接邀请一些有着突出贡献的工匠来学校开展专题讲座，为学生宣讲业内的见闻以及技术动态，又或者是主动要求已经毕业的本校的优秀学生回到学校分享业内的趣闻以及自己对工匠精神的认识，毕竟这些人与尚未毕业的本科生无论是年龄还是学历背景方面都区别不大，所以更具影响力与穿透力。最终，我们还可以将校园文体活动作为载体，将创新工匠精神融入其中，使有着新时代工匠精神的核心要素能够根植于各种各样的校园活动当中，为了宣传工匠精神，可以选取诗朗诵或是举行辩论赛，又或者是通过大学生三下乡，举行志愿者服务活动等等实践来走访调查民间传统的手工艺人，并加以慰问，沉下心来倾听这些人的工匠故事。

（三）网络融入路径

伴随着互联网的蓬勃发展，以及新媒体技术日新月异的变化，极大地方便了大学生思想政治教育工作的开展，为培养大学生的工匠精神就应当充分利用新媒体技术进行引导与宣传，通过加强网络监管，抢占工匠精神网络教育新阵地，使新媒体技术与工匠精神得以有机结合，最终成为弘扬和传承新时代工匠精神的驱动力。

1. 健全新媒体网络保障机制

网络具有双面性，其本身拥有着大量的信息资源以及能够便捷实现信息传输的通道，但是这些信息当中还存在着大量的垃圾信息，可能会在一定程度上对大学生思想的形成以及行为的引导产生负面的影响。为了更好推行工匠精神网络宣传教育，高校应当有意识地健全新媒体网络保障机制。首先，高校应当增强对网络信息的监管，对大学生所接触的网站进行甄别，确保大学生的主流意识不会被冲击，以及大学生的身心健康也不会受到危害，从而建立起良好的校园网络生态环境。其次，应当增强校园内网络的舆论引导，以防止在面临网络舆情事件之时，大学生因为情绪化造成错误影响，通过开展网络安全教育，使大学生真切认识到网络不是法外之地，应当养成文明上网的习惯。最后，对新媒体技术下的高校思想政治教育工作队伍的建设加以优化，可以使用新媒体技术下的诸多新鲜途径来有效拉近与学生的实际心理距离，通过建立辅导员负责的校园网络舆情上报系统，使学校能够及时掌握学生的思想动态，由此就能够有效保障大学生的上网权益，从而能够更好地开展新时代工匠精神的网络宣传教育。

2. 搭建网络信息资源共享平台

在现如今这个新媒体时代，微博，微信能够以更加方便快捷的方式完成信息的共享与传输，并实现多样的端口互动。我们在开展大学生思想政治教育工作的时候，应当与时俱进，充分与新媒体技术进行融合，将校园微博或者是微信公众号作为重要推手，搭建起师生一体化的网络信息共享平台，以便全校师生能够在网络上进行学习与弘扬新时代工匠精神。具体而言，学校可以先开通校园官方微博与微信公众号，但拥有一定知名度之后，就可以开设有关大学生新时代工匠精神的教育专栏，并定期原创或转发一些与工匠精神相关的人物事迹或者学术文章，为了获取大学生的反馈，也可以在专栏下方设置评论区，通过精选优质评论的方式，有效激发大学生对弘扬与践行新时代工匠精神的参与热情。另外，还可以，在微信或微博上开启高校优秀工匠的校园投票活动，鼓励在校师生能够评选出自己心目中最适合的杰出工匠。另外，学校还可以组织建立起以学院或班级为形式的工匠精神交流群，相关负责人会在群内定时转发与工匠精神相关的文章资料或视频集锦，并鼓励大学生积极交流，互相学习，从而营造出一种轻松愉快的学习氛围，实现寓教于乐的教学效果。

3.善用微课微视等打造弘扬工匠精神的网络教育新课堂

新时代的社会节奏在不断加快且数字化信息技术也逐渐发展成熟，微课与微视的异军突起，直接打破了传统思政课堂的空间与场域的限制，因其本身所具备的短小精悍且交互性强的特点，使其成为网络教学的新阵地。我们在培养大学生工匠精神的时候，应当确保工匠精神能够融入学生的个体精神世界当中，而且也需要遵循贴近热点与生活的培养原则，借助于方便快捷以及多数大学生喜闻乐见的方式，利用微课与微视等教学手段，成功打造新时代适宜弘扬工匠精神的网络思政新课堂。首先，高校应当积极鼓励相关教师利用微课打造弘扬工匠精神的云课堂。对教师来说，可以自行组织与工匠精神相关的，具有理论性与趣味性的慕课视频，并将其上传到网上，将其作为作业要求学生利用课余时间进行自主学习，并在网络上发表与分享自己的学习心得。其次，教师应当充分挖掘与工匠精神有关的教育资源，并对网络上存在的与新时代工匠精神相关的资源进行仔细甄别，并将其推荐给学生，督促学生加强学习。最后，高校应当抓住当前短视频兴起的契机，鼓励学校师生通过原创的方式制作一些突显学校所具备的特色工匠文化的短视频，或是拍摄与新时代工匠精神相关的校园网络微电影，并将其投放到学校自己的短视频或微信公众号，通过这种短小精悍且有着较强情绪渲染能力的短视频来增强学生的情感认同，从而自觉实现对新时代工匠精神的"入脑"到"入心"再到"入行"。

（四）"实践"融入路径

工匠精神若是想要从理念的状态转变为现实行为就应当付诸实践，在实践的过程当中不断对大学生的"匠品"和"匠技"进行锤炼。

1.搭建大学生工匠精神孵化基地

如今，我国的很多高校都开始进行专业实验室的打造以及利用专业设备的模拟与引进，成功建设了教学工厂式的高校校内的实训基地，这是大学生实践育人的重要场所。高效利用这些校内的实训基地，不但能够有效提升在校学生的专业知识素养，还能够承担一部分对外服务以及社会竞赛等社会性的功能，而校内实训基地就是大学生培养专业热情，以及完善自身做事品质的重要平台。

所以说，为了确保工匠精神能够全面地融入到大学生思想政治教育当中，就应当建设有着完整的系统以及齐全的专业的校内实训基地。对高校来说，需要根据不同的专业背景，对校内的教育资源加以整合，从而开设能够体现出专业特点的校内实训基地。比如面向绘画等艺术类专业的学生，就可以开设绘画工作室或者服装设计工作室等专业的实训基地，对新闻类文科专业的学生，就可以开设有着高清演播室或图像处理实训室等专业实训基地。另外，需要注意的是，在进行实训基地的内部建设的过程当中，应当重视对系统配套设备的引入，以确保学生在进行项目演练的过程当中，能够获得较为真实的时间环境，从而使学生能够真切感受到未来职业生涯所面临的氛围。除此之外，还应当在专业实训室当中建立起严苛且详细的规章制度，以此来有效培养学生注重细节的品质。通过诸多项目的真实演练以及相应的规则的规范，能够为学生创设一个极为真实的职场环境，并逐渐形成属于自己的实训文化，使学生能够借此形成自己的专业热情与做事品质。

2. 建立广泛参与社会调研和各种学科竞赛

不管是职业的热爱还是专业的认真，又或者是团队协作与思维创新，都是属于新时代的工匠品质，并且我们需要注意，这些优秀品质绝不能只放在课堂上，还需要进行实践。由此，就需要大学生在培育与践行的过程当中持续性地进行实践创新以及团队参与。但是，现如今，我国大多数高校中师生课堂上的互动性都不尽如人意，甚至于课后还会出现师生联系弱化的现象，这就导致教师所拥有的教书匠精神并不能够像传统的师徒制那样潜移默化的对学生产生精神影响与价值熏陶。应当在现有教学方式的基础之上，对现代师徒制的培养经验加以借鉴，坚持以实践育人为视角，成立师生互助型兴趣小组，积极参与各种社会调研以及学科竞赛。学校还可以根据学院内各专业的特色，建立起对应的大学生专业兴趣小组，通过借鉴高校硕士研究生的培养经验，为大学生配备专门的导师，并提供合理的经费支持与场地支持，促使教师与学生共同钻研难题并完成项目，还要鼓励导师带队与学生广泛参与各种社会调研以及与本专业相关的学科竞赛，通过频繁的师生之间的联系，能够有效增强学生对教师品质与精神的了解与认识，还能够有效促进自己的团队协作与创新能力的提升，最终，通过优秀的时间品质，实现对工匠精神心领到现行的华丽蜕变。

3. 校企研多方合作，在实践中锤炼大学生的匠品匠技

为了更好地整合学校内部与外部的各种教育资源并积极增强实践教学，校企

研经过通力合作，成功构建产学研一体化的实践育人合作平台。校企研合作的内容有校方与企、研院所签订的大学生实习、实践与学校人才引进等协议与项目。为了更好地培养大学生的工匠精神，高校应当利用校企合作平台建立一个较为完善的大学生实习实践机制，以便大学生能够在真实的科研和生产环境中感受到企业的优质文化并被其影响。学校应当严格筛查合作单位的资格，积极与一些较大的企业或者研所单位建立起长久的合作机制，并对合作相关的细则进行细化，确保大学生在进行实习实践的过程当中能够真实参与到企业的项目完成与技术的研发当中，积极完善大学生的实习津贴补助制度，保障大学生的合法权利，使其能够在实习实践的过程当中充分感受到自己的存在为企业或研所创造的价值，由此就能够在不断锤炼匠品匠技的过程当中增强自身对行业的自信与热爱。还需注意的是，在实习期间应当严格执行大学生实习考核验收机制，坚持日常实习的打卡签到，通过专业师傅使得大学生能够及时熟悉生产环境与办公流程，并对其进行针对性地指导与考核，通过对设备严谨的操作规范以及维修措施对大学生的责任意识进行培养。利用企业内部对工作成果严格的验收标准对学生严谨细致、精益求精的工匠品质进行培养，以确保大学生能够在真实的实习实践环境当中加强对工匠精神的认同，并逐步形成属于自己的职场信仰与做事态度。

第四章　工匠精神与中国制造

本章就工匠精神与中国制造进行了探讨，并以制造业企业为例，介绍了工匠精神与制造业企业概述、制造业企业员工工匠精神的培育与形成、制造业企业员工工匠精神的培育路径分析这三方面的内容。

第一节　工匠精神与制造业企业概述

一、工匠精神在制造业中的发展

"精神"一词是意识形态领域的概念，"工匠精神"一词多应用于制造业领域，包括专业技能娴熟、工作认真负责、爱岗敬业、具有坚韧不拔的毅力等文化内涵。从企业经营与管理的角度来看，工匠精神有广义和狭义两种解释。从狭义角度来看，工匠精神指的是在现有的生产资源配置的情况下，企业通过加大对特殊专业技能型人才的投入，使其积极主动地投入到企业的生产制造中，从而实现企业产品质量提升的目的。从广义角度来看，工匠精神指的是在专业分工条件下，企业内部加大对生产、销售、研发等部门人才的投入力度，使企业生产环节、销售环节、研发环节等都有着高素质的专业性人才，全方位的提高企业的产品质量，改善企业的生产效率，从而更好地实现企业的发展目标。从目前的政策和管理趋势来看，大部分的经济学者和企业管理人都将工匠精神局限在狭义理解上，他们认为广义理解上的工匠精神用职业精神来表示更加的恰当。

我国古代社会对不同的社会阶层有着严格的区分界限，讲究士农工商，工商业处于社会的底层。我国古代是以农耕为主的国家，小农经济，百姓自给自足，对于工商业的要求并不高，当需要工商业产品时，他们大多数会选择距离家庭较近的工匠作坊，工匠产品虽然带有一定的服务半径，但是基本的工业文化还是存在的。虽然居民会就近选择工匠，但是如果工匠无法提供居民满意的服务，或者工匠水平不高生产的产品有着明显的瑕疵，那么当居民再需要工商业产品时，他们就不会考虑这家工匠作坊，反而去较远的地方寻求产品质量高、服务好的工匠作坊，甚至有时为了得到好的商品，他们会选择异地购物，这样产品质量较次的工匠作坊就会逐渐被市场淘汰。即使是竞争不太充分的古代市场，手工业者要想在市场上存活下来也必须向客户提供优异的产品，这就要求手工业者专心从事生产，不断提高自身的技术水平，生产出高质量的产品来满足客户的需求。虽然明清时期我国商业经济发展到一定程度，但是科学技术的水平严重滞后于同时期的欧洲，导致我国无法顺利开启机械化生产，进而进入现代工业化道路，从而使传统社会的工匠与工匠文化在我国存在了更长的时间。我国古代社会中讲究伦理道德的儒家思想长期占据主导地位，由此形成了尊师重教的传统，对工匠精神的传承具有积极意义。我国的人口数量常年居于世界第一位，伴随着经济的发展，人民对手工业品的需求持续增加，由此催生了更多的人加入手工业者行列，从而为工匠精神的形成和发展提供了丰厚的土壤。

纵观历史，我们可以发现这样一个规律，凡是重视工匠精神传承的国家和企业，往往在市场的竞争中屹立不倒，其产品的市场份额不断扩大，而那些不注重工匠精神的国家和企业逐渐走向了衰落，由此可知，工匠精神在市场经济中发挥了重要作用。以英国、法国为代表的西方国家最早确立了资本主义制度，建立了市场经济，这些国家崇尚个人主义，重视个人能力的发挥。在市场上竞争机制的催动下，企业为了提升企业效益，将工作的重点放在了推广新技术，应用新方法上，重视技能型工人在企业生产过程中的作用。弘扬工匠精神，符合市场经济的本质要求。衡量一个国家的市场经济是否成熟的重要标志就是这个国家的各行各业是否重视工匠精神。西方工业革命以后，西方的工匠文化和我国的工匠文化在本质上并没有什么差别，但是工业革命引发的技术创新，使西方国家的工业化生产的步伐不断加快，由此西方社会创造了新的工业管理方式和新的工业文化。

艾伦·库珀（Alan Cooper）不仅创造了"可视 BASIC"技术，对于工匠精神，他也有着自己独到的见解。艾伦·库珀发表过《居民管理》一书，该书详细记述了他的观点，他认为工匠精神与产品的质量有关，与产品的数量、速度的无关。在他看来，工匠精神就是要"做对事情"，而不是在有限的时间内"做快事情"。

因此质量才是衡量工匠精神的首要标准。工匠的工作过程就是一遍又一遍熟悉技能的过程，通过日积月累的经验积累，他们的能力也得到了飞跃式的提升，最终达到了做对事情的目标。随着时代的进步，科技的持续推进，机械在生产环节的广泛应用使得标准化、技能化的技术逐渐取代了人工技能，企业的管理制度的功能与作用出现了前所未有的变化。以美国为例，19世纪美国前期的制造业在管理制度上就发生了三次变化，分别是工匠制、工厂制和泰勒制。

（一）第一阶段工匠制

工匠制是人类制造行业应用时间最久的制造模式，美国制造企业直到19世纪早期还在使用该模式。工匠制的典型特征是传承模式相对单一，如果个人想成为手工业者，要跟随有经验的师傅进行学习，以学徒的身份经过多年的学习才有可能成为师傅。工匠制度的顺利实施有赖于工匠个人纯熟的技术，但是难以进行标准化生产。如果工匠的技术不高，生产的产品无法满足消费者的需求，那么工匠将承受失去消费者的巨大风险。在工匠制下，产品质量的高低取决于工匠个人的手工技能是否专业，技能水平的高低直接影响着产品质量的优劣，因此为了维持工匠的声誉，师傅在售卖产品前需加强对产品质量的严格控制和监督。

（二）第二阶段工厂制

工业革命使大机器生产成为可能，工作人员的工作性质相应地发生了改变。有一部分传统工匠进入工厂成为新型工人，还有一部分工匠虽然仍从事传统的手工业制作但是需要学习新的技能。原来传统的手工匠制中的所有者转变为生产监管者。大规模机器的应用提升了企业的自动化水平，企业需要的劳动力数量相对下降。在工厂制下，拥有专业知识和技能的劳动者得到了广泛使用，产品的质量实现了标准化，并且得到一定程度的保障。

（三）第三阶段泰勒制

泰勒制强调科学管理，企业的经营过程要围绕人、资金、设备、原材料、任务及信息这六个维度展开，生产环节的操作要遵循一定的顺序，采用科学的方法，尽可能地缩短生产时间。泰勒制认为提升企业生产效率的方法是多种多样的，增加工匠的数量是不必要的。虽然企业为了实现生产经营的目标需要恰当的使用工匠，但是如何使用工匠只是生产管理中的一个环节，而不是最重要的内容。对企业而言，做好企业的战略规划，不断提升监管者和管理层执行工程师的素质才是提升企业效益的核心内容。泰勒制应用对提高企业的生产效率有着积极作用，但是它同时带来了生产质量下降的弊端。因此企业管理者将监管产品质量提升到了重要地位。在工业化过程中，的确存在着自动化、机械化技术逐渐取代工匠的现象，随着工业化程度的逐步提高，工匠的种类和工匠的职位在不断地缩减。但这并不意味着，机械化生产将完全取代工匠，工匠精神也会完全丧失。因为任何工业化中的技能创造、质量提升都与人的创造能力、知识和技艺的提升有着直接的关系，都需要工匠在关键环节中发挥重要作用，也需要弘扬工匠精神。

第一，尽管工业化得到了大规模的普及，但是还有制造流程无法实现标准化、机械化，在这些生产环节中还需要工匠发挥作用。

第二，之前产品质量是展示一个企业或国家工匠精神的载体，现在工业设计则成为评判一个企业或国家是否有工匠精神的新战场。

第三，随着社会经济的发展，消费者的需求越发的个性化、多样化，这都需要工匠进行独特创造进而开发出个性化、多样化的产品。

第四，工匠精神在更广泛的领域得到应用，如现阶段发达国家在软件领域内倡导的工匠精神，就是强调从事软件编程的人员具有先进的编码能力、专利获取能力等。

第五，尽管世界范围内都在提倡智能制造，但是着并不意味着工匠精神要消亡在历史长河中，相反预示着工匠精神得到了更大范围的扩展和延伸，因为构建智能框架，本身就是工匠精神的一部分。

工业革命带来的巨大变化还表现在如下方面：传统工匠和消费者采取面对面的交易方式，而工业化促进了生产和交通领域的快速分化，演变成了消费者需要经过经销商、分销商等流通环节才能购买到所需要的商品，使供需之间成为远距离间接链接的形式；传统的工匠虽然数量众多但是分散在各地，工业化使制造业向城镇集中，有利于产业分工和产业集聚，同时便于工匠之间交流，有利于知识传播；传统的工匠精神是师徒之间口传心授的模式，技术只能在师徒间传承，不得传给他人，工业和现代教育的兴起打破了师徒传承的单一模式，使技术与技能的大规模扩散与传播成为可能。工匠精神是全人类优秀的制造文化，这一点是不可否认的，不因地域而有所改变。工匠精神经历了千百年的发展变化，但是其精神内核一直存在，即人类在职业领域的共同追求，特别是对于生产一线的技术工人来说更要不断追求精益求精，从而满足客户对质量、安全等方面的要求。

二、工匠精神助力制造企业发展

（一）工匠精神促进制造业技术创新

传统观念中，工匠就是从事低端行业不断进行机械重复劳动的劳动者，发明、创新只会发生在高新技术行业，由受过高等教育的高科技工作者来开展、落实。事实上，这种观点是对工匠的错误解读，也是对创新的误判。历史实践证明，绝大部分技术创新是持续性创新的过程，是由原来 99.9% 的技术水平提升到99.99%，而不是由零到一的颠覆式创新。生物学界普遍认为，生物体的生命进化是一个持续漫长的过程，同样技术革命也是一个长期创造的过程，是历代工匠在长期的工作实践中的技术积累所导致的技术进步。这种连续不断的技术进步所得到的效果要远远强于那种间断性的技术革命。即使是颠覆式创新也不是一朝一夕就可以完成的，需要设计研发人员在认真分析消费者需求和市场发展的趋势上，对企业现有的产品进行革新，这也是一个漫长复杂的过程，需要开发人员不断思索产品的优势和劣势，不停地改进工艺。不管是一个小工艺的革新还是新产品的研发都倾注了研究人员的心血。中国制造创新驱动的最大障碍不在于资源和资本等"硬件"设施的不足，在于制度、文化及高素质的劳动者等"软件"的缺乏，缺少软件支撑的硬件，犹如断弦之弓，发挥不出任何价值。

（二）工匠精神要求制造业制度创新

工匠精神不是与生俱来的，它的形成也不是短期内可以完成的，系统完善的制度就是支撑工匠精神产生和发展的沃土。德国、日本等国是众所周知的制造强国，这些国家令人赞叹的工匠精神离不开完善的工匠制度的支持，如良好的福利保障制度、合理的人才评价机制、有效的技能人才激励机制、严格的质量监督管理体制等，营造鼓励创新的社会文化环境，对勇于创新的企业家实行奖励，建立创新失败补偿机制，确立工匠精神的价值观，改革教育制度，让职业教育在高等教育中有更大的分量，提高技能人才的社会地位和经济状况，建立高品质高标准的工匠制度，对扰乱市场秩序者给予严厉惩罚。只有通过系列制度创新重塑中国的工匠精神，才能将"工匠精神"融入现代教育体系中，强化职业教育，打造现代学徒，提高工匠的地位，满足技能人才多层次的需求，在企业中营造尊重人才的浓厚氛围，通过物质奖励和精神鼓励等手段，培养一批专家和技术工人，加强企业的职业培训，充分调动人才的积极性，唯有如此，工匠精神才不会流于口号和宣传，才能真正成为民族习惯。

（三）工匠精神根植制造业文化创新

重塑工匠精神需要制度创新。按照是否有强制性，制度又可分为正式制度和非正式制度，正式制度指的是国家或者组织为了实现其健康持续发展而要求国家或者所有成员必须遵守的法律、组织章程，而非正式制度包括行为规范、道德、习俗等。回溯制造强国的发展史都可以发现这样一个结论：属于非正式制度范畴的文化传统在工匠精神的形成过程中发挥着不容小觑的作用。德国制造的产品具有如下四个特征：耐用、可靠、安全精密，通过研究德国制造强国的发展历程，我们可以发现，德国制造业的发展离不开六大制造文化：专注精神、标准主义、精确主义、完美主义、秩序主义和厚实精神。这六大精神流淌于德意志民族中的严谨和理性便是铸就德国制造文化的精神基石。当前不管是重型机械零部件还是纺织品等传统产品，我国同欧美国家制造的产品还是有着不小的差距，造成这种现象的根源就是产品文化含量的差异。一种产品做到极致就是品味好，质量好的佳品。技术更新虽然在短时间内改善产品的性能，但是实现产品品质持续提升的关键因素必然是文化。因此，中国制造要走向世界，就需要强化工匠文化品质建设，营造良好的文化氛围，将岗位责任做到实处，开展岗位职能竞赛，制造有文化的产品。

第二节　制造业工匠精神的培育与形成

一、工匠精神培育的理论依据

随着社会经济的发展，人们也越发意识到工匠精神在推动行业进步中发挥着重要作用，社会各界人士从不同的角度对工匠精神进行了研究，发表了不计其数的文章。事实证明，制造企业对员工工匠精神的培育不仅有助于匠人们的技艺更加的精湛，追求精益求精的精神得到弘扬和传承，而且有利于工匠精神理论的丰富和发展。工匠精神不是凭空出现的，而是有着坚实的理论基础为依据，分别从以下三方面进行阐述。

（一）关于劳动的思想

工匠并不是专指某个特定群体，而是泛指广大劳动人民，他们通过劳动来实现自身的价值，因此德国人也将工匠精神称为"劳动精神"。这是因为工匠从事的最基本活动就是劳动，也就是说关于劳动的思想就是工匠精最根本的理论依据。

古典经济学者从经济学角度对劳动进行了分析，他们认为劳动在人类物质生活中处于基础地位，人类之所以能够得到物质财富，实现价值就因为自身勤奋的劳动。黑格尔从哲学的角度对劳动问题进行了探讨，并以辩证的方式对劳动性能进行解读。在黑格尔看来，意识只有上升到自我意识时才会出现精神，而劳动过程就是催生精神的必要环节。①

马克思在吸收和借鉴西方古典经济学和黑格尔哲学思想的基础上创造了全面且独特的劳动思想，马克思从普通劳动者的角度出发提出了"劳动创造人，劳动解放人"的口号。在马克思看来，劳动是人类为了生存和发展而进行的有目的、有意识的活动，人类所进行劳动属于一种社会实践活动，是人的本质活动，是人的生命活动本身。这种生命活动具有自觉性、自由性的特点。首先，马克思充分肯定劳动，他认为劳动是人类进化过程中必然手段，是人特有的活动，劳动也是区分人和动物的首要标准。人类的生存离不开劳动，同样又在劳动中不断提升自身的素质，使自己成长进步。人类不管是为了维持生存还是进行生产都需要劳动。马克思认为人的本质就是劳动，"人的本质在其现实性上，它是一切社会关系的总和。"② 而这种社会关系产生的根本原因就在于人为了实现自身的生存和发展所进行的生产劳动。马克思所说的劳动并不是指某个人固有抽象物，也不是简单意义上的物质生产劳动和精神劳动，而是人本质的生命活动。人之所以成为人是因为劳动，人和其他人区别的最根本区别也是劳动。其次，马克思强调要尊重劳动

---

① （德）黑格尔著．精神现象学（上）[M]．贺麟、王玖兴，译．上海：上海人民出版社，2013.
② 马克思恩格斯选集（第 1 卷）[M]．编译局，编译．北京：人民出版社，2012.

者。马克思认为，劳动者在创造劳动价值中起着主体作用，劳动力是有尊严的，劳动者参与劳动的过程是自由自觉的活动，且在劳动活动中占主体地位。社会主义的劳动和资本主义社会的劳动是有很大区别的，在资本主义社会，劳动者是提供买卖的商品，资本家通过剥削劳动者的剩余价值来获取效益，在社会主义社会中，劳动者是国家的主人，国家以法律的形式保护着劳动者。最后，马克思强调劳动在人类社会中具有重要的基础性地位。马克思认为，劳动是国家和民族发展的根基，任何一个民族，如果停止劳动，别说坚持不了一年，哪怕只是几个星期，这个民族也会灭亡。① 科学社会主义的建立离不开劳动，劳动作为具体的、历史的本质活动，并不是一成不变的，而是随着人类社会的发展而不断地改变，不同的历史阶段，劳动有着不同的形式和特征。如在原始社会时期，人类劳动的目的只是为了满足生存问题，劳动的形式为体力劳动，随着社会生产的发展，在体力劳动的基础上又出现了脑力劳动。伴随着更专业化机器设备的出现，各行各业中出现了不同的劳动分工。工匠精神的首要准则就是劳动精神，就是要求工匠尊重劳动并且热爱劳动，同时企业和社会也要尊重劳动者，这是马克思的劳动思想给后人的深刻教导。我国现在正处于社会主义初级阶段，以经济建设为中心，要求在大力解放和发展生产力的前提下，更要充分肯定工匠精神，尊重各种合法劳动，让劳动者无论职位高低都能切身地感受到劳动光荣、技能宝贵，从而共同推动社会主义生产力的发展。

（二）关于精神需要的理论

需要问题是人类进行活动的根本目的，社会各界学者对人类问题的探讨也是以需要问题为出发点。人类的需要问题包括物质需要和精神需要两个层面，精神需要作为人的基本需要，是哲学家们研究的热点课题，同时也是精神分析学家进行精神理论研究中的重要内容。

我国是一个历史悠久的文明古国，早在先秦时期的古人们就已经注意到精神需要对人类发展的重要意义，如儒家代表人物荀子就曾经将人的需要划分为四个层次，其中人最低级的需要就是本能需要，在基本物质需求满足后又开始追求享乐需要，人的第三个层次的需要为政治权利，而最高级别的需要则是道德完善。荀子认为，本能需要和享乐需要是人的自然需要，对于政治权利和道德完善的需

---

① 马克思恩格斯全集（第 10 卷）[M]. 北京：人民出版社，2009.

要属于精神需要，精神需要是人类特有的需要，如果人类的前两个需要得到了满足就应该全力追求后两个需要。随着时代的不断进步，人类对于自身需要的认识也不断地深入，从最开始的本能需要发展到高级的精神需要再到更高级精神需要。到了今天，追求更加美好的生活，实现中华民族伟大复兴的历史使命就是我们更高的精神需要。

西方学者也从不同角度对需要理论进行了多方面的研究，如古希腊时期的哲学家苏格拉底就提出真正的幸福是人类对于知识和智慧等精神需要的不懈追求。柏拉图赞同苏格拉底的观点，物质追求只是人类的基本需求，人的精神追求是高于物质追求的。对需要理论的研究最著名，影响最为深远的当属马斯洛的需要层次理论。马斯洛在其发表的《动机与人格》一书中详细阐述了需要层次理论，马斯洛认为人的需要是按照层次划分的，由低级到高级依次为：生理需要、安全需要、归属与爱的需要、自尊需要、认知需要、审美需要和自我实现的需要，其中前两个属于人的基本需要，后五个属于精神需要。在马斯洛看来，自我实现需要是人实现真正意义上的自我所必然追求的"高峰体验"，这种体验就是人对精神生活的追求。

虽然对人的精神需要马克思并未进行过系统的论述，但是在他的著作中可以发现他对精神需要的态度。马克思指出人之所以为人就是因为人不仅有物质需要还有需要，只有二者兼备，才可以说是一个完整的人，物质需要是好比是人的血肉，精神需要就是人的灵魂，"人首先必须吃、喝、住、穿，然后才能从事政治、科学、艺术、宗教等等。"[1]这句话的意思是说，人只有在基本的物质需要满足后才会产生精神需要，物质需要是精神需要的前提，但是一味追去物质需要而忽略精神需要的人只是没有灵魂的躯体。在马克思看来，一个人如果想拥有全面的人格品质就要既享受物质生活，同时也要追求精神生活，基本的物质生活需要是人类塑造完整品格的基础，之后再去追求精神生活以实现人类的崇高价值，只有达到精神需要的目的才是完整的人生。马克思所提出的精神需要具有丰富的内涵，包括人对主观世界的认识、对于自我实现的追求和对人生意义的探索等多个方面，是指"对科学的向往、对知识的渴望、他们的道德力量和他们对自己发展的不倦

---

[1] 马克思，恩格斯，列宁，斯大林．马克思恩格斯选集（第2卷）[M]．编译局，编译．北京：人民出版社，1974.

的要求。"① 马克思认为精神生产和精神创造是相辅相成的关系,精神生产创造精神需要,同时精神需要又促进精神生产的发展。马克思政治经济学中提出了没有需要就没有生产的观点,即如果人类对于物质生活没有需要,那么就不会出现物质生产,这个观点同样适用于精神需要,即没有精神需要就没有精神生产。正因为人类有了精神需要才能产生相应的精神生产,伴随着精神需要的不断变化,精神需要也会进行调整,不断推陈出新,进而满足人们日益提高的精神需要。马克思坚信,随着生产力的发展,精神需要也会不断地发展,未来共产主义社会中,精神需要将是人的主要需要,占有主导地位。

在经济迅速发展,人们生活水平不断提高的新时代,人类在满足物质需要后开始追求更高层次的精神需要,不同的成长背景、教育程度的人对精神需要也是不相同的,人的精神追求呈现多元化的趋势。工匠精神是中国精神的具体体现,是人们精神需要与时俱进的时代产物。因此,弘扬和培育工匠精神就是满足人心理和精神上的需要,以上关于精神需要的理论观点为工匠精神的研究提供了理论指导。

(三)人的全面发展理论

我国早在原始社会时期就开始对人的全面发展问题进行了探索。考古学家发现了原始人类建立了专门的教育场所"庠",在这里由经验丰富的长者对后辈进行全面的教育。古希腊文明中也注重人的全面发展,他们认为社会的发展需要"完美的人"和"和谐发展的人","完美的人"指的是真、善、美三位一体的人,"和谐发展的人"指的是人不仅具有卓越的智力优势,同时还要有优秀的品德、良好的身体素质等。

人的全面发展是与人的片面发展相对而言的,率先系统且科学地提出人的全面发展理论的是马克思和恩格斯,他们丰富了人的全面发展的内涵。他们在《德意志意识形态》一书中详细地阐述了他们的观点:"个人是受分工所支配的,分工使他变成片面的人。"② 资本主义社会为了最大限度地追求利润产生了流水化作业的工作形式,专业化的分工异化劳动造成了人的片面发展,马克思和恩格斯在分析资本主义社会的弊端后提出了人的全面发展思想,他们认为随着生产力发展到一定程度后,人类就会进入共产主义社会,并在共产主义社会中人类的奋斗目标

① 马克思,恩格斯.马克思恩格斯全集(第 2 卷)[M].北京:人民出版社,2009.
② 马克思,恩格斯.马克思恩格斯全集(第 3 卷)[M].北京:人民出版社,1960.

就是实现个人全面的发展。马克思理论提出的对人的全面发展观点有着丰富的内涵：一是人的劳动的全面发展，不仅包括体力劳动和脑力劳动集一体的劳动力的全面发展，还包括劳动关系的充分发挥，以及人的劳动实现和实践等的全面发展。二是人的需要的全面发展。受各种条件的制约，人的需要也是多种多样的，在不同的成长阶段人的需要也是不相同的，伴随着社会的进步，人的需要也会发展，这是一个循序渐进的过程。三是人的能力的全面发展，这是人的全面发展的核心内容。正如马克思所说："任何人的职责、使命、任务就是全面地发展自己的一切能力。"人能力的全面发展就是指在不断提高人的现实能力的基础上，不断挖掘人的潜能，使人的潜在能力转化为现实能力。四是人的社会关系的全面发展。马克思认为人的本质就是社会关系的总和，所以人的全面发展自然包括社会关系的全面发展。五是人个性的全面发展。在马克思看来，人的个性的全面发展有着丰富的内涵，是指人按照自身特点和成长意愿自由、充分的发展。人的全面发展的最高追求就是人个性的全面发展，是人各个方面最大限度的发展。

中国共产党人继承了马克思主义的经典学说并对人的全面发展理论不断丰富和完善，从科学理论走向实践。新中国成立后，毛泽东明确提出社会主义教育目标是培养德、智、体全面发展的社会主义新人，其中道德教育处在首要地位。邓小平全面贯彻党的教育方针，提出了培养"有理想、有道德、有文化、有纪律"的社会主义新人。以习近平同志为核心的领带集体更是充分落实以人民为中心的发展思想，落实立德树人的根本任务。人的全面发展理论是马克思主义理论的重要组成部分，是工匠精神研究的重要理论基础，坚持人的全面发展是准确把握是新时代发展理念，也是工匠精神培育的根本要求和目的。

二、制造业企业工匠精神培育的价值基础

哲学家认为人的价值问题是哲学研究中的首要问题，工匠精神作为人的一种超越技艺本身的精神理念，展现了丰富而深刻的价值，价值基础就是最基本最鲜明的价值体现。

（一）制造业企业工匠精神培育的价值意蕴

工匠精神培育的价值意蕴是指匠人群体在长期的专业训练、实践经验和文化

熏陶中逐渐形成的一种理念，包括艺术审美价值、技术理性价值、人生意义价值以及国家尊严价值四个方面的内容。

1. 艺术审美价值

按照存在方式的不同，艺术审美价值可分为静态和动态两种。静态审美价值指的是艺术品自身的存在，动态审美价值是指人接受艺术的体验过程。众所周知，艺术作品有着一定的物质价值，但优秀的艺术品得以流传的根本原因在于作为主体的人对艺术作品的精神需要。也就是说，艺术审美价值的实现体现在艺术作品从静态转化为动态的过程，艺术作品通过其特有的艺术感染力潜移默化地影响着人的情感和意志。关于艺术审美价值的阐释，学术界有一个专有名词"皮格马利翁效应"。在希腊神话中有这样一个故事：塞浦路斯国王有一位名叫皮格马利翁的雕刻师，对皮格马利翁来说，这个世界上没有比雕刻更有意义的事情了，他热爱雕刻工作。有一天他得到了一个石头，他觉得可以用这个石头雕刻一个少女像，于是他将全部的经历投入到了少女像的雕刻当中。经过夜以继日的努力，他终于成功雕刻出一尊美丽的少女像，这座少女像实在是太美了，皮格马利翁立下誓言以后自己永远不会结婚，这座少女就是自己的妻子。他把雕像当成妻子一样呵护照顾。爱神被他的热情所打动，便赋予少女雕像以生命，并准予他们结成夫妻。这个故事中皮格马利翁对自己作品的钟爱和投入崇高的爱恋正是工匠精神的艺术审美价值意蕴。

工匠精神并不是制造业特有的词汇，事实上，我们每个人都扮演着特定的"工匠"角色，如果想真正扮演好这个角色，执着专注和认真负责的工匠精神是必不可少的条件。工匠精神有三个层层递进的关系：第一个层次是自然层次，是人要做到爱岗敬业，认真负责的对待每一项工作，追求精益求精的基本精神。第二个层次是道德层次，指的是要以崇高的责任感和使命感来对待工作，道德层次是处于自然层次之上的一个层次。第三个层次是审美层次。[①]这个层次是一种体验精神，这种层次的工匠进行生产活动时，工作不只是单纯的谋生手段，而是创造艺术的载体；工匠活动的过程不再是简单的赚取劳动报酬，而是实现自我价值的体验，是实现生命意义的自觉审美活动。由此可知，工匠精神只有达到审美层次的境界才能使人们感受到工作的乐趣。《考工记》中有这样的记载"天有时，

① 曹峰. 理解工匠精神需要把握好三个层次 [N]. 中山日报，2016-08-08.

地有气，材有美，工有巧"①"，天时、地利、精美的材料以及能工巧匠出神入化的技艺是设计和制作精良器物的四个基本要素，缺一不可，只有自然物质美与人工技艺美实现完美融合才有可能制作出美丽的器物，这也是工匠精神对审美价值的追求。

要想正确认识工匠精神培育的艺术审美价值，就必须理解技艺层面的"技近乎艺"和"艺近乎道"的美学境界。工匠就是掌握一定的技术和技能的专业人才，要想培育出优秀的工匠首先就必须培育他们专业的技术、专门的技能与艺术的特长。我国古代的"技艺"包含两个层次的含义：一是技术和技能，二是艺术，只有技术与艺术实现完美统一的工匠才能得到技艺超群的美誉。"技"与"艺"是相辅相成的关系，"技"包含在"艺"的概念之中，技术达到一定的高度后就升华到"艺"的境界，也就是我们今天所说的"艺术"层面。工艺品不仅展示着工匠们高超的技艺，同时体现着他们的审美价值。工匠们在生产工艺品时，秉持着认真工作和精益求精的精神理念，从而产生出外形更加优美、品质更加精良的产品，现代文明中的审美情趣与人文精神也要求我们追求技艺的一体化，用工匠精神培育的艺术审美价值来改造世界。

"严格地说，离开人生便无所谓艺术，因为艺术是情趣的表现，而情趣的根源就在人生。"②当代社会人们审美品位不断提高，艺术不再是专供王公贵族欣赏的高雅事物，已经走向大众化、通俗化，普通百姓即使在日常生活中也可以欣赏到艺术。人类欣赏美好的事物的审美过程就是人自由而全面发展的过程，同样人类受高雅艺术品感染的审美接受过程就是人生价值取向产生影响的过程。人类进行审美活动得到审美体验的过程是个人活动，影响的也是个人的精神领域，但是它塑造审美情感的目的和意义却可以延伸到社会生活。工匠精神培育的艺术审美价值并不是凭空出现的，而是工匠在社会实践中得到的审美感悟，同时又能影响人们的精神生活。人类为了追求更大精神需要，认真负责的对待每项工作，以精益求精的态度去完成工作，就有可能深入到艺术领域，进而培育出具有大美价值的工匠精神。工匠精神作为人类精神的延伸，其审美的价值意蕴在社会生活中得到了广泛的发挥，从而对人类文明的发展起到了重大的作用。

---

① 邹其昌.《考工记》与中华工匠文化体系之建构——中华工匠文化体系研究系列之三 [J]. 武汉理工大学学报，2016（05）.
② 朱光潜. 朱光潜全集（第 2 卷）[M]. 合肥：安徽教育出版社，1987.

2. 技术理性价值

"技术"不仅是工匠的本质构成，还是工匠精神的载体。技术是人类从自身和社会的需要出发，有目的地创造出来的劳动手段、劳动方法和劳动技能的总和。人和动物的本质区别在于人可以制造工具并使用工具，而人如果想通过合理地使用技术工具来达成生产目的，就需要人的主观理性。理性属于意识的范畴，不同的学者对理性有着不同的认识，有的学者认为，理性是作为主体的人认识客体对象本质和规律的思维能力，有的学者认为理性是认识的高级阶段，是人类运用理智透过事物的现象把握事物本质和规律的一种认识能力，包括概念、判断、推理等思维活动。按照不同的标准，理性可以划分为不同的类别，如马克斯·韦伯按照属性的不同，将理性划分为工具理性与价值理性，其中工具理性是指人们为了达到实效性目的，不断改良技术，使技术手段日趋完美。马尔库塞将理性划分为技术理性与批判理性，他强调人类通过技术手段来统治社会，技术理性与批判理性是对立的关系。其实技术理性作为一种特殊的理性活动包含着却又不仅仅是工具理性，只能说技术理性因为工具特征而更加理性化。

技术的快速发展为社会带来了前所未有的机遇和挑战。人们在技术的不断创新中运用理性去认识世界和改造世界。对工匠精神培育的技术理性价值的探究有助于我们全面认识工匠精神的价值意蕴，合理准确地从技术理性的价值层面弘扬和培育工匠精神。

3. 人生意义价值

价值是一个经济学术语，社会学家借用了价值的内涵来阐述人生价值，社会学家认为人的价值来源于人与人之间的需要得到满足，所有的人的价值中，最主要也是最根本的就是人生意义价值。工匠精神培育的价值问题是主体和客体一种关系问题，主客体之间的需要和满足关系就产生了人生意义价值。根据出发点的不同，人的价值选择包括利我和利他两个方面。人生意义价值从个体发展过程来看，又包括个人价值和社会价值两方面，个人价值和社会价值并不是对立的关系，相反二者也存在着密不可分的相互关系。马克思主义学说中探讨了人的价值观问题，他强调自我价值和社会价值的统一是实现价值的最佳途径。

个人价值是指个人通过活动来满足自身的需要，也是个体追求自我价值的实现，证明个体是有用的。私有制社会认为个人是独立自主的，个人价值的发挥不受社会的制约，这种观点是片面的，它否定了人的社会价值，是一种以个人为中心的形而上学的思想。这里强调的个人价值和私有制社会中的个人价值的内涵是完全不同的，指的是在工匠精神的引领下培育人的思想，对个体生活和人自身的全面发展有着积极的意义。首先，人的需要是推动人类发展的动力，随着时代的发展，人的需要也在不断地改变。人类对于需要的追求是永无止境的，并且随着生活资料日益丰富，人的需要也呈现多样化。远古时期的人类为了满足衣、食、住、行这些基本的物质需要而不断奋斗，今天人类又为了满足物质和精神需要，进行有目的的实践活动。人类满足自身需要的过程对于个人来说是有价值的，其价值就体现在人类在追求需要的过程中所付出的努力和需要被满足后的成就感。工匠精神不仅仅是人们精神生活的主要内容，更是人们获得更好物质生活的行动指引。培育工匠精神不仅能够满足人们的精神需要，而且能够启发人们对于美好生活的憧憬，为了实现这种愿望，人们必须持之以恒的努力奋斗，从而有利于人们进一步实现自身价值。其次，培育工匠精神就是培育人们高尚的精神理念。马克思辩证唯物主义的基本观点是物质决定意识，意识对于物质有着能动作用。影响一个人价值大小的因素是多方面的，其中最重要的就是人的思想观念和文化素养。如果一个人的思想观念落后，文化素养不高，那么无论这个人的职位有多高，他所创造的价值也是有限的，相反如果一个人有着先进的思想观念和较高的文化素养，那他即使在最平凡的岗位上，也能够创造出较大的价值，由此可知人的思想观念、文化素养和其创造的价值是正相关系，内在素质越高，其创造的价值也就越大，对于自身的发展也就越有利。所以对人们进行工匠精神的培养就是要提高个人价值。最后，人们为了得到更好的生活条件而不断地进行技术创新，人们发明创造的过程是人追求物质和精神需要满足的特殊方式，人们创造出自己所需要的物品，提升自身的生活质量，这是满足自身的物质需求，人们发挥自己的聪明才智进行创作的过程又是满足精神需要的过程。工匠精神倡导培育创新发展的精神理念，让人通过创新创造活动充分而全面的发展自身价值，进而发挥更大的社会价值。

人的社会价值是指个体对他人和社会需求的满足，即一个人的思想行为社会发展的作用和意义，简单来说就是个人对社会所做的贡献。任何时期的任何人们为了满足自身的需要所进行的实践活动都是有目的、有价值的。马克思说过"人是最名副其实的社会动物，不仅是一种合群的动物，而且是只有在社会中才能独立的动物。"① 这句话说明社会性是人的本质属性，人的存在和发展是以社会为依托的，人的一切活动具有社会价值。人们为了使自己的生活环境更加的宜居按照自身的标准对客观世界进行改造，人类改造世界的过程就是展现自身社会价值的过程，匠人为了获取更多的劳动报酬而不断改良生产工艺，进行技术创新的过程同样体现了他们的社会价值。社会宣扬工和培育工匠精神的最终目的就是充分发挥人的社会价值，最终促进人与自然、人与社会的和谐发展。在工匠精神的培育中，个人和个人活动占主体地位，社会是培育的客体和对象，个人对社会改造的过程就是主客体相统一的过程，个人改造社会中所创造的价值就是培育的成果，是人类满足物质需要和精神需要所做的贡献。评判一个人是否是一个有价值的人的首要标准就是看这个人的思想感情、实际活动是否有益于社会的发展和人类的进步。如果一个人的实践活动推动了社会的发展，那他对社会是有贡献的，是一个有价值的人，他对社会的贡献越大，说明他所体现的社会价值也就越多。因此，工匠精神提倡每个人都要立足本职岗位，以严谨专著的态度对待工作，高标准的严格要求自己，努力创造出更多的精品，为国家和社会贡献自己的力量，体现生命的价值。随着时代的不断进步，社会的需要也是不断变化的，因此工匠精神要紧跟时代的潮流，追求完美的创造，进而适应社会的需要，体现自身的社会价值。

4. 国家尊严价值

国家价值是一个民族、一个国家在长期的历史积淀中所形成的文化精髓，是国家和民族文明的高度概括与综合。正是有了国家价值，人民的精神才有了依托，国家才能繁荣昌盛，民族才能生生不息。衡量一个国家是否具有国际竞争力不仅要看这个国家哪个阶层在政治上处于领导地位，还要看该国是否有着全体人们共同认可的核心价值理念。在现实生活中，价值观是人们的利益和需要在经济关系中的反映，由于成长经历和工作环境的不同，每个人对利益有着不同的需求，由此导致不同的人有着不同的价值观。国家的核心价值观是全体公民共同认可的利益需要，我国当前处于社会主义初期阶段，为了使全国各族人民凝聚在一起，共同建设中国特色社会主义，党中央提出了社会主义核心价值观作为社会普遍遵循的基本原则。工匠精神是社会主义核心价值观的具体体现。因此国家倡导对工

---

① 马克思，恩格斯. 马克思恩格斯全集（第 46 卷）[M]. 北京：人民出版社，1979.

精神的培育就是对社会主义核心价值观的践行，具有本国本民族的特色，彰显中国独特的国家尊严价值。社会主义核心价值观包括国家、社会和个人三个层面的价值目标，可以概括为建设"富强、民主、文明、和谐"的祖国，构建"自由、平等、公正、法治"的社会以及塑造"爱国、敬业、诚信、友善"的公民。首先，国家是社会发展和人民富裕的基础，国家的发展进步离不开全体公民的努力，人们要对工作保持一股子韧劲儿，发自内心的热爱本职工作，干好本职工作，注重细节，不断追求完美和极致，以乐观积极的态度来对待生活，为了国家事业和民族复兴，始终保持不断奋斗的初心，认真研究问题，踏实肯干，自然会更好更快地实现社会主义核心价值观在国家层面的价值目标。其次，社会层面的核心价值观要求社会重视人们在社会发展的重要作用，肯定劳动者的地位，开展劳动教育，树立劳动光荣的时代新风，建立职业技能等级制度，改善劳动者的劳动条件，注重精神文化引领，营造平等、和谐的社会环境，让人们得以在法治社会中平等的工作，自由的享受生活。最后，爱国是每一个中国公民最基本的道德要求，一名合格劳动者的最基本的守则就是爱岗敬业，对职业有着敬畏之心，根据市场和消费者的需求不断勤学苦练，深入钻研，增强创新意识，提升创新能力。一个高级的工匠要有着崇高的道德责任感和历史使命感，对职业尊重，对工作认真。工匠精神的培育最基本的就是培育人们的职业态度和道德情操，让每个人更早实现个人层面的社会主义核心价值观。

（二）制造企业工匠精神培育的当代价值

我国是世界制造业第一大国，工业产品的产量位居世界第一。但总体而言，我国制造业大而不强，实现制造业转型升级迫在眉睫。企业作为孕育工匠和培养精神的土壤应该大力弘扬和培养工匠精神，充分发挥工匠精神的当代价值。

1. 有助于中国由制造大国向制造强国转变

随着改革开放的不断深入，我国的经济持续快速发展，即使面对经济危机打击，在全球宏观经济深度萎缩的背景下，我国的经济依旧保持着平稳增长。中国的制造业水平也在不断转型升级，科技创新能力和企业的核心竞争力不断提升，使中国的制造业走出国门、走向世界。中国人在世界各地的商场中都发现了印着"Made in China"的产品标签。回溯中国制造业的发展历程，可以发现低廉的劳动力成本和密集的资金成本是推动中国制造业发展的重要推手，但是中国制造单纯依靠规模扩张的粗放型经济增长方式已然不适应消费者需求更加个性化、智能化、精细化的新市场。只有将"工匠精神"深入工人的"灵魂"，让更多的工人成为能工巧匠，才能使"中国制造"升级为"中国创造"，中国制造也才能进入国际高端市场。

一方面，工匠精神是制造业的灵魂。为了改变中国制造业大而不强的局面，国务院总理李克强在政府工作报告中提出实施"中国制造2025"战略目标，制造业要将信息技术应用到工业生产中，充分挖掘数据作为新型生产要素的潜在价值，以信息流带动技术流、资金流、人才流，加速推进新技术的创新、新产品的培育，通过提高产品质量和发展水平提升我国制造业的整体竞争力。"中国制造2025"战略目标实现的工匠就是大力弘扬和培育工匠精神，造就一支有理想、有信念、敢担当、讲奉献的高素质产业工人队伍，弘扬追求卓越的创造精神，做出科技含量较高的一流产品，提升中国制造的国际竞争力和影响力。

另一方面，工匠精神在当代工业发展中具有重要价值。塑造中国制造强国的国际形象同精益求精的工匠精神是密不可分的。产品的生产离不开一线工人，如果一线工人缺乏严谨认真的工作态度，只是将工作当成糊口的手段，得过且过，不思进取，那么就不可能生产出一流的产品，相反如果一线的技术工人有着坚定的理想信念，不断打磨技艺，使自己的技艺更加的精湛，努力为客户提供无可挑剔的体验和服务，进而做出品质优良的一流产品。工匠是未来的创业者，只有不断地勤学苦练、深入钻研，才能提升制造业的质量与服务。

2. 有利于企业健康有序可持续发展

尽管中国的制造业企业数量众多，但是在国家市场中占据优势地位的却很少。德国、日本等长寿企业的秘诀就是工匠精神的传承。由此可知，"工匠精神不仅仅可以帮助企业制造出高品质的产品，还可以使企业实现真正的持续发展。"①

第一，工匠精神是加快企业转型、产业升级的需要。当前，我国经济进入新常态，经济发展方式面临着转型升级，很多企业也越来越重视品牌的塑造和产品的质量。掌握扎实的技能，用心制造产品，不放过任何一个极细微的细节，这就是对工匠精神的最好诠释。现阶段，我国很多产业出现了产能过剩、企业利润下

---

① 陈华文. 制造业大国"呼唤工匠精神——读《匠人》有感 [J]. 中国职工教育，2015（12）.

滑的问题，在一个质量至上、追求性价比的时代，企业要以市场为导向、以客户为中心，推动内部结构全面实施供给侧结构性改革，不断提升产品和服务的竞争力。通过提供优质的产品和服务推动传统企业转型升级。工匠精神是极致、精益的精神，对质量、品质的执着追求正是我国企业转型升级的有效途径。

第二，工匠精神是企业形成良好风尚的需要。随着市场经济特别是知识经济的到来，现代经济越来越呈现为一种品牌经济。有关研究表明，良好的品牌形象是一种潜在的、无形的资本，能够带来企业价值的增值，是企业参与市场竞争的重要手段。事实上，"工匠精神"在企业品牌形象塑造中具有十分重要的作用。"工匠精神"也是企业品牌内涵的重要体现。

第三，工匠精神是企业提高市场竞争力的需要。我国经济社会环境发生了深刻变革，当前，我国正经历着从工业化向信息化时代的转变。与千篇一律的工业化生产不同的是，如何满足消费者个性化和定制化需求，已经成为企业竞争的新蓝海。企业要牢固树立起质量和效益的观念，从根本上破除片面追求规模和速度的思想倾向，引导全员追求高质量的经济指标、高质量的运营管理、高质量的产品服务、高质量的市场口碑、高质量的内在价值，推动企业发展实现质的有效提升。工匠精神提倡不断改进生产工艺、加强技术创新，使企业走出国门走向世界，提升中国企业的整体水平和国际市场竞争力。

工匠精神既是一种职业态度，也是一种精神力量，企业要想在市场竞争中持续占据有利地位，就需要全力弘扬和培育工匠精神，将技能工人培养纳入企业发展规划，加大中高级技能人才培养力度，根据企业发展战略提取职工教育培训经费，用于开展职业技能培训，建立职工培训中心，建立科学有效的激励保障制度，提高一线技能工人地位待遇，将工匠精神付诸实践体现在行动上，拓宽技能工人职业上升空间，不断提高产品质量，提升品牌形象，赢得市场竞争，让工匠精神真正促进企业的健康有序可持续发展。

3.有利于员工素质提高实现全面发展

劳动由劳动内容和劳动成果这两个基本要素构成，如何正确这两者的关系就是劳动价值观的核心内容。劳动的价值在于贡献和满足，劳动内容依附于每个具体劳动者身上，劳动者在劳动的过程中体现到成就感和幸福感。精神培育问题必须始终围绕人来进行，工匠精神是人的产物反过来又作用于人，其广泛的当代价值越来越被人们所重视，同时企业员工的全面发展更是离不开工匠精神。

首先，企业工匠精神培育可以促进员工成长进步。每个人都是在生活中成长的，虽然企业员工已经是成年人，但工作生活是促进个体成长进步的主要实践活动。企业和员工互相信任，彼此成就。企业的成就，离不开每一个员工的努力工作。员工只有把自己的梦想与企业的改革发展结合起来，不断强化学习意识，树立终身学习的理念，才能在企业的持续发展中不断逐梦、圆梦。"工匠精神"作为一种职业精神，是企业员工提升个人精神追求、完善个人职业素养、实现个人成长进步的重要道德指引。企业员工所具有的高尚职业操守和强烈"工匠精神"，同拥有较高专业知识技能一样，是自身立足职场的重要条件和在未来职业生涯中脱颖而出的制胜法宝。员工要以强烈的责任感和使命感不断超越自我，无论干哪一行，都秉持着严谨负责的工作态度，不管有多苦多累，都要把工作干好，增强创新意识，敢于打破常规，在工作实践中着力培养创新意识，大力挖掘创新潜能，不断提高创新能力。要想在某一领域成为佼佼者，就要将所从事的职业转变为自己的事业，兢兢业业。工匠精神指向一种自觉能动、自由自主、富有创新力和创造力的劳动。为此，我们不仅应打破那种将人作为手段的"异化"工作模式，更应通过创造性的劳动来享受生活的愉悦与满足。人不仅要有职业技能、热爱尊敬自己的工作，也要有优良的道德品质，掌握交流与沟通技巧，构建与领导、同事之间的和谐友善关系，不断提升自身的综合能力。

其次，企业工匠精神培育可以满足员工的情感需求。一方面，工匠精神建立了人与人之间的情感关系。现代企业实行的流水线作业，工人们在不同的车间，部门之间缺乏互动和交流，除了部门内部和有工作接触的同事外，其他同事像陌生人一样，大家都只能待在自己的业务小圈子里，同事之间感情淡薄，有的甚至入职很久却相互都不认识，更谈不上情感。但是传统手工技艺的传承一般是口传心授的形式，工匠制作过程更是师生情感交流的过程。所以工匠精神不仅仅是执着专注于工作，更要求员工之间互相学习经验，互相交流情感，丰富情感生活。另一方面，工匠精神也建立了人与物、人与劳动之间的情感关系。传统匠人从产品的设计到完工的整个制作过程中，不断思考、不断研究。正是工匠精神使企业员工把单一的原材料变成一种有价值有效用的成品，他们投入劳动、投入精力、更投入情感，并最终感受产品所带来的亲切感和成就感。

三、制造企业工匠精神培育的形成现状

近年来各大企业间纷纷展开多种形式和手段的宣传和教育活动，致力于大工匠的培育和工匠精神的塑造，并取得了一定的积极影响。但同时，企业工匠精神培育不是一个新话题，持续至今也存在着一定的问题。

（一）制造企业践行工匠精神的积极成果

1. 依托工匠舞台尽展卓越风采

工匠是职工队伍中的高技能人才，企业通过广泛深入持久开展劳动和技能竞赛，以赛促训，提升技术技能。如为了深入贯彻人才强企战略，锤炼高超技能员工队伍，晋西工业集团有限责任公司开展了职业技能竞赛，竞赛的项目包括编程、钻孔、打磨、焊接、测量等，赛程举办了9天共有216名选手参加，赛程中，选手们各显本领，全力展现技能水平，充分交流技艺心得。装配钳工是竞赛第一个完赛的项目。在实操比赛现场，选手们一个个屏气凝神、大显身手，在4个小时的时间里，大家根据题目要求，完成审图、划线、錾削、锯削、锉削、攻螺纹、钻孔、装配、维修等各类规定动作。为了检验选手对机械制图、机构与零件等知识的掌握情况，还特别增加了CAD考试内容。技能人才是人才队伍的重要组成部分，是加快推动技术创新和实现科技成果转化不可缺少的重要力量。依托技能大赛的工匠舞台，选手们可以相互学习、取长补短、交流经验，为企业各项工作目标的实现提供技能支撑，营造了全社会重视技能人才的氛围。

2. 用工匠精神铸就责任品质

高度责任是工匠的生命态度，是工匠精神的基础理念，"诚实做人，用心做事"是这一理念的准确概括。无论在哪个岗位，从事什么样的工作，都应该遵守这条基本准则，只要立足本职，热爱自己工作，以一丝不苟的态度对待工作，在工作中不断的精益求精，就是一名卓越的工匠。中国农业银行一直强调责任意识，把"责任为先、兼善天下；勇于担当，造福社会"的责任理念落到了实处。首先，中国农业银行积极主动地优化业务策略和业务模式，持续完善面向优质客群的获客渠道与精细化运营能力，进一步提升了业务生态的长期价值和增长潜力，为众多客户提供了安全、便捷的金融服务，满足了人民对美好生活的品质追求。其次，在提供金融服务的同时，中国农业银行也不忘身为金融机构的责任，积极开展消

费者权益保护教育宣传活动和各类金融知识普及活动,提高广大居民的防风险能力。通过视频、图文、海报等形式,在微博、微信等平台向金融消费者宣传信用知识、帮助金融消费者选择适合自己的金融产品和服务、增强风险防范意识和责任意识、倡导理性消费和合理借贷。网点工作人员利用客户等待时间,发放宣传折页,向客户宣传非法集资、理财、个人信息保护、防范新型电信网络诈骗、关注支付安全等知识,帮助客户建立正确的金融消费观念,进一步提高客户安全意识和自我保护能力。最后,作为一家有温度、富有责任感的金融企业,中国农业银行积极投身公益活动。其中,中国农业银行的志愿者团队一直扎根社区,通过与各类公益组织的紧密合作,积极参与敬老助老、关怀弱势群体等一系列社区服务和公益活动,将慈善公益精神深植企业文化血脉。

3. 把工匠精神注入企业人才培养

把工匠精神注入企业人才培养,可以优化企业的人力支撑,培育国际化员工。中国贵州茅台酒厂(集团)有限责任公司作为我国白酒行业的领军企业,始终坚持质量第一,大力弘扬工匠精神,持续深入开展劳模、工匠等先进评选表彰,对劳模、工匠的评选不按车间平均分配名额,而是看他们的工艺是否精湛,是否具有良好的职业操守,是否执行最严苛的质量标准,同时深化与职业院校的合作,投入专项资金,建设综合性、智能化方向产教融合平台,强化育人过程,铸牢工匠精神。积极地借鉴国外的先进经验和典型做法,借助现代化研究手段实现白酒的传承创新,在确保品质不变的前提下,持续探索生产机械化、智能化改造,提高操作环节标准化、规范化水平。

技术工人短缺是目前我国各行业面临的首要问题,劳动力供给不足,工匠型人才更是缺乏。这也充分说明了我们的职业教育欠发达,重学历轻能力、重知识轻技能的现象比较普遍。要加快发展与技术创新和社会需求相适应、与工匠精神深度融合的现代职业教育体系。职业教育肩负着培养多样化人才、传承技术技能、促进就业创业的重要职责,在培育和弘扬工匠精神方面发挥着基础性作用。要增强职业教育针对性、适应性,加快构建现代职业教育体系,因地制宜、统筹推进职业教育与普通教育协调发展。

(二)制造企业工匠精神培育存在的主要问题

企业的健康发展和企业广大员工队伍职业精神的提高都离不开工匠精神的培

育，企业工匠精神的培育实践在取得一定积极成果的同时还存在着很多问题，这些问题在一定程度上来说影响企业的正常运行，阻碍企业员工的全面发展，更不利于工匠精神在全国范围内的发扬和传承。

1. 制造企业的工匠群体弱化

随着社会主流价值观的变化和机械化、工业化的发展，我们迎来了脱离辛苦劳作的全新时代，真正意义上的工匠从此淡出我们的视线，甚至消失。如今我们要重拾工匠精神，寻找大国工匠，才得知真正手工制造的匠人少之又少，取而代之的是各大制造业的广大劳动者。

2. 制造企业对工匠精神的错误认知

当前工匠精神已然成为引领中国企业创新发展的动力引擎，其现实内涵也延伸至物质生产和精神生产的各个领域，虽然企业都十分重视工匠精神培育，但是仍有部分企业领导者和管理人员并不能全面正确的把握工匠精神。很多人认为随着生产机械化、自动化甚至人工智能对传统手工业的取代，大多传统工匠逐渐退出市场，工匠精神自然也已经过时。

个别有人认为工匠精神已经成为"过时"的东西，因此在工作中会出现缺乏主动做事、自我驱动的精神；缺乏把简单的事情做到极致的耐心；缺乏追求卓越、做出精品的长远愿景，得过且过，缺少在变化的环境中创造性地开展工作的信心等现象，"工匠精神"是一个时代概念，在不同时代，他们都有不相同的内涵，尽管随着社会、科技的发展，从事脑力劳动的人越来越多，但人类社会仍离不开体力劳动，而且体力劳动的技术含量会是越来越高，特别是那些有一技之长的技工与匠人。但是很多人却在用刻板的观念来解读工匠精神，让人们似乎陷入了一个误区，太多人将工匠精神与工匠等同起来，认为提倡工匠精神便是鼓励大家去做工匠。还有人将工匠的形象和机械重复、循规蹈矩联系起来，把经验与创新对立起来，认为工匠精神就是经验主义，不利于当代科学的发展、不利于创新。事实上，经验积累和创新创造本来就不是对立的概念，反而是可以互促发展的，这两者都是工匠精神中的重要内涵。还有人有认为工匠所从事的劳动，是重复性的，没有创造性可言。实际上，工匠在整个企业的生产流程中扮演关键角色，一切有关生产的设计、蓝图、标准，都依靠工匠和熟练的技术工人来实现。换句话说，没有技艺精湛工匠的企业，企业发展的目标无从实现。

3.制造企业工匠精神培育形式化

第一，培育目标不明确。目标具有指向性，企业只有明确培育目标，知道未来想要达到什么，又该怎样做才能达到目标，才能形成清晰的规章制度，员工才知道接下来该怎么做。如果企业的培育目标不明确，自己都没想清楚该做什么，那员工就更不清楚该怎么做了。工匠精神的培育不是一件简单的事情，企业要从自身的特点出发，要综合考虑企业战略规划和员工自我发展的需要，员工素质对企业的发展至关重要，开展工匠精神的培育，有助于提高员工综合素质，进而为企业创造价值，为企业获得竞争优势。部分企业对工匠精神的时代内涵没有深刻的理解，只是国家提倡工匠精神，同行业内的企业也纷纷开展工匠精神的培育工作，于是盲目响应，随波逐流，企业没有明确的培育目标，员工更不清楚培育的目的是什么以及又该做哪些准备，学习没有主动性和方向性，只能走一步看一步，必然不会产生良好效果。

第二，培育内容虚化。尽管企业意识到工匠精神的重要性，但是很少有企业能够明确地提出具体的培育内容以及落实工匠精神所需要实施的具体步骤，甚至有的企业将工匠精神培育同员工的思想政治教育工作等同起来。其实工匠精神的培育内容更加的丰富全面，需要具体化、细化、量化，才能到达显著的效果，让工匠精神真正为企业服务。

（三）制造企业工匠精神存在问题的原因

1.思想观念的制约

第一，传统思想根深蒂固。工匠在封建等级社会中一直处于社会下层，当时的主流价值是以仕为上，只有读书，经过科举考试，成为官员，才能占有更多的生产资料，才能掌握政治话语权。对古人来说读书、科举是出人头地的唯一途径。工匠则被归入"三教九流"的行业，一个人无论技艺多么精湛，也无法提升其社会地位，尽管唐宋以后，手工业者身份地位有所提高，但是"重农抑商"依然是封建王朝的基本国策，对工匠进行种种限制和奴役。儒家主流思想向来轻视职业技能教育，人们如果不能参加科举也会选择种地做农民，而不会加入手工业。能工巧匠制作的精美物品不但得不到应有的认可，还被看作是"奇技淫巧"。"重文化、轻技术"的传统思想一直延续到了今天，整个社会对制造业的意义认知并不高，对技术职业存在偏见，甚至技术工人本身也并不认可自身的工作，心里有一定的自卑感。一线劳动似乎已成为"不光彩""没出息"的代名词。他们努力获得文职或者管理岗位，争取可以坐办公室，鲜有人立志一辈子做工匠、做工人。

第二，个人主义倾向。由于经济环境的改变，人们的思想发生改变，出现了越来越追求个性化、追求自我，把自我需要的满足作为价值基础的个人主义倾向。大多数员工将自己定位为打工者，认为工作的目的仅仅是获得劳动报酬，对自身的职业发展没有清晰的布局和规划，对待工作敷衍、应付，工作上拈轻怕重，做事没有积极态度，缺乏进取心和职责意识，遇到问题习惯性抱怨、逃离。一切以自我为中心，以自身的利益为出发点，做事不考虑后果。

第三，理想信念的缺失。传统意义上的工匠把产品制作当作一生的追求，随着市场经济的发展，人与社会的价值观发生了巨变，权力与金钱成了许多人顶礼膜拜的对象。人们推崇、追捧那些能赚大钱的成功人士，而那些诚实劳动的匠人则淡出人们的视线，甚至为人所不屑。部分企业为了短期利润，采取各种手段和方式偷工减料，以次充好，再加上企业高强度的工作任务，长时间的工作要求，让工人身心疲惫，用一种应付的心态工作，不能踏踏实实、认真专注地做事。

2. 企业重视程度不够

第一，企业的不作为。尽管大部分企业都意思到了工匠精神对推动企业发展的重要意义，但是真正在落实方面还有很大差距。对企业来说，追求盈利是其根本目的，工匠精神只是推动企业发展的工具之一，对企业发展有着积极意义，但是却不会在短期内为企业带来利润。随着生活节奏的不断加快，社会也越发浮躁，部分企业只顾眼前利润，一味追求产量而忽视产品质量，更不愿把更多的时间、财力和物力花费在精神层面的学习而影响当前的物质利益和经济效益。企业为了利益最大化不把质量和诚信作为生存的第一法则，更不可能为工匠精神培育做出努力。

第二，企业领导不参与。企业家和企业领导们时刻强调工匠精神的重要价值，却并没有做到全面指导安排工匠精神的培育工作。工匠精神强调注重每一个环节，企业领导恰恰最不可能关心细节，不可能参与每一件事情的每一个过程，他们更在乎企业发展方向、运行机制、技术创新等。企业领导都没有在工作上起到一个好的引领作用，这在客观上不利于企业工匠精神的培育。

3. 企业工匠精神培育的有效机制不完善

在工匠精神重新被高度重视的今天，培育工匠精神是关系企业生存发展的重大举措，需要完备有效的培育机制做保障。所以，企业工匠精神培育存在问题的主要原因就是培育机制不完善，没有制定合理有效的制度保障。

第一，管理和服务机制不健全。工匠精神形成的前提就是养成好的工匠习惯，而工匠习惯不是每个人天生就具备的，也不是自发形成的，需要完善的管理和服务机制。没有健全的管理和服务做基础，其他一切机制都是不成立的。工匠精神培育需要有同企业的生产经营实际相适应的管理和服务体系，才能为工匠精神培育、为企业的有序经营提供机制保障。

第二，激励机制不完善。有效的人事激励机制往往是职工在工作岗位上获得安全感、满足感和存在感的重要方法，同时也是事业单位留住优秀人才的重要措施。我国社会经济的飞速发展，人们物质生活水平的不断提高，这其中都少不了人事激励机制发挥的积极作用。目前，我国企业的人事激励机制方面仍面临许多问题。企业为占得先机，都渴求招收到高素质、高水平的复合型人才，但是在招聘过程中没有明确的招聘要求，后期的培训没有明确的目标且无法利用薪酬激励来留住人才。我国企业采用的激励形式多数以激励力度不够强的工资、奖金、年薪制等为主，而股票期权和管理者持股等有效激励方式并不常见。此外，我国目前只重视如年薪制等物质方面的奖励，却忽视了精神奖励的作用；绩效考核制度不科学，缺乏一套完善健全的员工业绩考核机制，绩效考核体系缺乏规范化、定量化。激励是员工工作的动力，可以为企业工匠精神培育提供动力支持。企业培育工匠精神没有完善的激励机制，没有做好充分的激励设计，很难激发员工学习和工作的激情。用激励机制进行物质、精神和其他方面的奖励和鼓励，还能促进员工努力工作，更好地发挥工匠精神，使培育工作达到事半功倍的效果。

第三，宣传机制不充分。企业宣传机制单一不充分，是企业各项工作不能有效进行的主要原因。企业要想培育和造就更多的大国工匠，让员工人人具备工匠精神，就应该加大宣传力度，展开各种形式的宣传教育活动，进一步切实丰富宣传机制，为企业工匠精神培育营造良好的氛围，让员工潜移默化地形成工匠习惯，发扬工匠精神。

第三节　制造业培育工匠精神的路径分析

企业工匠精神培育事关企业的健康有序发展，是一个具有长期性、艰巨性且存在一定难度的重大任务，需要不断探索不断实践。企业应该加大培养培育工匠精神的力度，坚持工匠精神培育的主要原则，明确工匠精神培育的主要内容，采取工匠精神培育的有效措施，加大工匠精神弘扬力度，着力培育企业的"大工匠"，真正打造企业的精神实力。

一、培育工匠精神的主要原则

（一）主体性原则

主体性原则是指企业培育工匠精神时，应该坚持以人为本的原则，明确员工的主体地位，调动员工自我培育工匠精神的积极性。企业培育工匠精神必须坚持主体性原则，肯定员工的主体地位，充分发挥员工的主体作用。

第一，要强化员工的主体意识。主体意识是主体能动性的主要内在动力，无论在理论学习中还是工作实践中，企业都应该直接或间接地发挥引导作用，充分调动员工自主学习和发扬工匠精神，激发其内在能动性和主体意识，有助于企业实现培育工匠精神的目的。

第二，要对员工主体地位给予充分尊重。人是具有文化意识的"主体人"，关注人在经济过程中的地位与发展，不只是把员工只看作生物意义和物理意义上的人，而是重视人的文化主体意义。注重启发人的创造能动性和自觉性，尊重员工的个体差异，强调心理沟通，因为心理沟通是企业和员工之间的文化认同、情感交流和基于共同愿景的认同。员工把自己的工作自由和权利尊严交给企业安排，是一种庄重的奉献代理权的行为，企业理应为他们提供与他们业绩对称的发展平台，实现他们的预期目标，使员工获得全面发展，从而形成高效率的环境与和谐的局面。所以企业应该加强员工的主体性培育，尊重员工的个体差异性，肯定员工的主体地位，指引其主体性作用的正确发挥，也有助于调动员工积极性和自主性。

（二）求实原则

求实原则就是实事求是，坚持一切从实际出发的原则，是企业工匠精神培育应该遵循的基本原则，主要指企业工匠精神培育的目的和内容要符合社会的发展规律、符合企业的实际情况、符合员工品德形成的需要。坚持理论联系实际，切实解决实际问题，结合员工岗位职责和健康成长需求，科学设计培育内容，力求增强教育培训的针对性和实效性。进一步拓宽各类技术人才干部的启发思维，提高实际工作能力和创新本领。按照专业知识和创新精神的原则，不断对培训内容进行结构性调整。以员工需求为导向，以求实求效为出发点，立足实际，积极创新，拓宽培训内容，丰富培训形式，针对不同员工的自身"特点"采取不同的培训方式，着力增强培训工作的针对性和实效性，全面提升各级人员素质，着力满足员工各阶段成长需求，为使新入企员工在短时间内了解企业，通过"面对面"座谈、"企业文化宣讲"等活动开展"体验式"培训，使员工融入企业，认同企业的价值观；积极探索"分段式"培训模式，将培训内容分阶段进行。工匠精神是企业精神、职业精神、敬业精神和中国精神等优秀精神品质的具体体现，其理论依据充分，理论知识深厚，企业有必要进行科学系统的理论培育。

（三）企业培育与个人养成相结合的原则

企业培育与个人养成相结合的原则就是企业培育工匠精神需要坚持企业和员工的共同努力，既重视工匠精神的正确培育，又不忽视员工的自发作用，关注员工在日常工作和生活中的点点滴滴。在企业利益的分配中，企业与员工之间看起来似乎是对立的关系，事实上作为企业和员工，应该相互合作，达到共赢，坚持以人为本，正确认识企业发展与员工个人发展的辩证关系，如果企业不断更换员工，就很难培育工匠精神。工匠专注于某一产品生产，其工艺提高不是短期能形成的，需要对产品和工艺进行长期的打磨。为此企业需要转变管理观念，调整管理方式，留得住人才，使人才愿意为提升产品工艺努力。员工的发展需要好的平台和机会，构建良性竞争机制，公开地选人用人，激发员工的热情，使他们充分发挥才能，实现个人价值，让员工自己做出成绩来，增加他们的自信，强化安全生产、安全发展意识，加大投入，健全制度，关爱和善待自己的员工，切实保障员工的合法权益，丰富员工的文化体育活动。比精神更持久更稳定的是习惯，一个人一旦养成了良好的习惯，即使没有人监督和要求，都会依照习惯把产品做好，工匠精神要从培养工匠习惯做起，让员工在学习培育、工作锻炼、身边实例中耳濡目染地提升个人修养，持之以恒做一件事，不断进取、努力专研。

（四）传承精髓和与时俱进相统一的原则

坚持传承精髓和与时俱进相统一的原则，工匠精神是历史传承下来并不断丰富的精神品质，我们既要继承并发扬优秀的传统思想，树立正确的职业观和价值观，又要跟上时代的步伐，积极进取、不断创新。企业要结合现实，用发展的眼光根据新情况找到更多有效培育的新方法、新途径和新形式，真正做到推陈出新、与时俱进。

二、培育工匠精神的主要内容

工匠精神是凝结在人们身上的、抽象的精神品质，可以通过行动表现出来。工匠精神包含丰富的内涵，其内容更是随着时代的发展而不断地延伸，企业要想让工匠精神真正发挥实效，就必须明确培育工匠精神的主要内容，具体包含以下几个方面：

（一）加强专业能力培养

作为一名职业劳动者，不管他从事什么行业，担任的是什么岗位，扎实的专业能力都是胜任一份工作的前提条件。如果连最基本的工作都做不好，又怎么可能深入研究本行业内的前沿问题，追求精益求精的境界。培养企业员工的专业能力不仅包括本行业的理论知识还包括实践操作。掌握工作岗位需要的专业技能，是成就卓越工匠的必备条件，如果理论知识掌握的很多，但是却没有掌握所需要的工作技能，那也是没有用的，动手能力强、技能水平高的人才，才是企业所需要的高技能人才。全球经济增长都遭受到了巨大的挑战，制造企业的压力也越来越大，在高端制造业领域，高技能人才"一将难求"的问题，尤为突出，为此企业要不断提高员工的技能让其充分发挥自身价值，鼓励员工参与职业技能培训，调动技术工人学习技能的主动性，

（二）培养正确的职业价值观

职业价值观是个人追求的与工作有关的目标，是人们对职业的认识、态度及职业目标的追求和向往，也是人们选择职业时所依据的一种价值取向。企业员工

的价值取向是在实践生活中慢慢形成并反作用于工作实践。职业观是人生观的一部分。正确的人生观决定正确的职业观。由于人们生活、学习环境不同，人们在选择职业时也会有不同的价值取向，形成不同的职业观。工匠精神只有在积极正确的职业价值观中才能形成并得到有效的实施，所以培养正确的职业价值观是企业培育工匠精神的主要内容之一。

首先，企业应该引导员工对职业有正确的认识和态度。正确的职业观从根本上说就是为人民服务的职业观。就业首先要为满足社会需求，适应用人单位的需要，在岗位上要提倡奉献精神，而不是一味的从个人利益出发。现代社会日新月异，竞争日益激烈，年轻人中存在着浮躁、见异思迁的职业心理，他们对待工作往往持抱怨的态度，影响着整个企业的工作质量和效益。企业应该引导员工有一个正确的职业态度，让员工明白自己的职业是不可替代的，对生活充满希望，热爱自己的职业，珍惜工作的机会，体会工作的乐趣，在工作中得到满足和实现，这样才能焕发出工作的热情，从而在内在上具有持之以恒的工作动力。

其次，企业应该引导员工确立正确的职业目标。目标具有指向性和方向性，只有少些抱怨，多些实干，脚踏实地，接受磨炼和历练，不断学习，对待工作要孜孜不倦，才能增加自己的才干，提升自己的价值

（三）加强职业道德教育

职业道德就是人们在工作中应该遵循的一种职业准则和道德品质，职业道德作为行业行为规范，形成过程是靠人们自己内心信念和外部压力来自律建立起来的，既要有自身产生的正确思想信念的自律作用，也要有外界的影响力的他律作用。"爱岗敬业、诚实守信、办事公道、服务群众、奉献社会"[1]是从业者最基本的职业道德要求。职业道德教育应遵循其发展的一般规律，发挥自律和他律的作用，正确的思想必然来自正确的思想教育，在改革开放，发展社会主义市场经济和社会上各种思想文化相互激荡的大背景下，思想道德教育要有效地引导人们解决思想上的困惑和心态上的不平衡，把思想教育始终贯穿于职业道德教育的整个过程，深入调查，全面掌握企业员工的思想动态，加强政治理论学习和思想道德教育，深化文明班组创建活动，会持续提升企业员工思想意识，实现职工队伍的政治素质显著提升。加强职业道德修养，要有强烈的职业责任感，培养团队意识，

---

[1] 思想道德修养与法律基础 [M]. 北京：高等教育出版社，2015：123.

与人为善，协作共事。企业要进一步加深员工职业道德规范教育，让员工真正具备敬业、爱业、乐业的职业态度，发扬并提升员工的工匠精神，培养更多道德优秀的能工巧匠，为企业的发展打下坚实的基础。

（四）提倡打破常规的创新精神

创新是工匠精神的时代内涵，"只有精雕细琢才能出精品，只有精益求精才能谋创新"[1]。在高科技和智能化冲击的大环境中，工匠精神似乎变得比以往任何时候都稀缺和珍贵。从传统文化的角度来看，工匠归属于劳力范畴，职业意识、文化修养、职业见识略显弱化。工匠的工作环境、收入待遇、社会地位、自我认知、认可度等也低于其劳动应得，导致工匠精神在传承过程中存在不易坚守、不易加深加强、不易弘扬的诸多问题。在充满机会和挑战的时代，为应对日益复杂、动荡和多元的世界，我们需要创造性的思维方式和系统的认识论。同时，随着企业从要素驱动转为创新和市场需求的驱动，创新已经不仅仅是挂在墙上的企业文化宣传口号，更应该内化为企业文化的灵魂，具象为可执行的行动方案。工匠精神的执着是对传统、对工艺、对劳动的认真专注，这不是因循守旧，是具有创新精神的必要前提。一切创新都应该基于市场需求和客户体验。围绕市场需求进行创新，尤其在产品和技术创新方面，只有具备了对本职工作的坚守，才能领会并超越本质、追求精益，所以新时代的工匠精神更加注重创新精神。创新永无止境，每个员工都是企业文化的主体，企业创新需要大家共同培育和参与，只有员工创造力兴旺起来了，企业才能不断发展、进步。弘扬工匠精神，就是要增强创新意识，加强创新投入，引导企业持续改进制造工艺、产品性能和品类，使产品更好地适应和引领消费需求，支持企业专注于细分产品市场的创新和品牌培育，在全球范围内整合资源，努力成为具有国际影响力和竞争力的一流企业。

三、培育工匠精神的有效措施

为了确保企业工匠精神培育工作能够有的放矢的全面开展，达到行之有效的成果，实现常态化发展，企业还应该积极采取有效措施：第一，建立健全培育体制、机制，让培育工作该怎么做、做得怎么样、能得到哪些益处以及工作不到位

---

① 吴京涛．"工匠精神"的培育与弘扬 [J]．产业与科技论坛，2017（20）．

的后果等一系列问题都得到明确的制度解答；第二，完善培育的文化环境，用企业的文化力量做引导，创造有利于工匠精神培育的企业环境；第三，丰富培育的形式、载体，为工匠精神培育提供有力支撑，增强可操作性。

（一）建立健全培育机制

1. 健全管理和服务机制

工匠精神作为推动发展的有生力量，应当受到社会应有的重视和尊重，提高企业的核心竞争力。工匠等技术工人是企业的宝贵财富，要提高他们的工资待遇，只有人力资源的不断流入，有效资金的不断投入，工匠群体的贡献才能最大限度实现。对初涉行业的年轻人，通过师带徒、学校技术教育和相关社会组织团体机构等加强培训。组织工匠外出学习交流，开阔视野，同时，工匠自身也要不断提高自身修养，苦练内功。各部门按照管理和服务机制各司其职，保障人们把精力放到提升产品质量和精益求精上，才能切实保障工匠精神更好地在企业落地生根，发挥实效。

2. 加强宣传机制

在传统理念的影响下，很多人认为工匠是没有出息的职业。企业培育工匠精神就必须避免、制止这种对工匠的不尊重想法。企业宣扬工匠无私奉献、精益求精的精神，优秀的工匠以高度的主人翁责任感、卓越的劳动创造为企业员工树立了学习的榜样。任何一名劳动者，要想人生中有所作为，就要孜孜不倦学习、勤勉奋发干事。一切劳动者，只要肯学肯干肯钻研，就能立足岗位成长成才，就都能在劳动中体现价值、得到尊重。用工匠的先进事迹感召干部群众，用工匠的卓越贡献鼓舞士气，引导企业员工要立足岗位，不断提高自身综合素质，勤奋劳动、扎实工作，以优秀工匠为榜样，践行工匠精神，努力争做工匠精神的传承者、实践者，在生产中增长见识、强化本领。

3. 完善激励机制

首先，要关注员工的个人成长。当前，"80后"和"90后"都已经成为技术工作的主力军，企业要不断优化青年员工培养体系，创新管理着力提升青年员工队伍技能水平和综合素质，助力青年员工成长成才，积极搭建青年员工成长交流平台，激励青年员工提升业务能力，更新知识结构，将青年员工的思想动态、个人成长、综合表现等情况纳入积分考评，实时关注青年员工思想动态，定期征集青年员工需求，组织开展形式多样的团建活动，为青年员工疏导思想困惑，提升青年员工队伍的凝聚力。同时坚持学做结合，引导鼓励青年员工投身生产实践，在实践中锤炼青年员工专业本领，建立完善的考核和评价制度，为技术人员的职业生涯畅通道路

其次，要注重技能型人才培养制度的完善。完善技能型人才评价和使用政策，健全制造业人才职业标准体系，做好技能人才培育、选拔、管理、使用工作，灵活各类技术人才的培训方式，强化知识培训和技能培训，构建终身学习的企业文化，加大专业人才培训力度，优先培养紧缺的人才，与学校建立合作关系，提升各类人才专业化水平，根据员工的教育背景等因素实行差异化教育，培训内容要有针对性，同时培训方式要注重多元化。

最后，要完善企业的激励制度。劳动光荣不仅要体现在荣誉奖励上，同时要体现在收入待遇上。企业要建立基于各种要素的激励制度，将职工技能水平与薪酬挂钩，激发了员工的创造潜能。完善技能人才选育培养机制，拓展了企业员工的晋升发展空间。激励机制要根据岗位变化，适时进行调整。

4. 建立评价和监管机制

企业培养工匠精神不能盲目追风，更不能"上有政策、下有对策"，首先要构建完善的技能人才评价体系。评价指标不能是随意建立的，企业要在综合考虑行业特点、市场发展趋势以及员工需求的基础上，确保评价指标设定科学合理。同时，指标设定既考虑实物量变化，又考量职责履行，既关注约束性量化指标，又设置激励性加分指标。评价指标体系要以职业能力为导向、以工作业绩为重点，注重工匠精神培育和职业道德养成，考核评价结果与人才使用、待遇、荣誉等相衔接。另外，还要规范监督机制，制定了有效的管理机制后，如果没有监管，规章制度就会成为一纸空文，为此需要切实加强监督约束作用，严管理、严要求，通过设立多层次全方位的监督防线，不断提高员工的责任意识，维护企业各项业务稳健运行，企业从上到下形成一个质量保证监督网。让各厂、车间、班组层层设立质量保证机构，派专人检验质量，约束员工的不当行为。合理的监督机制，能够适时总结经验、查漏补缺，能够让落实工作更加完善、更加高效。工匠精神培育的监督管理就应该制定合理的监管机制，使监督有规范，管理有方向，让员

工工匠精神践行实现主动性、自觉性和实效性。

（二）完善工匠精神培育的企业文化

企业文化从企业诞生那一刻就已经形成，并一直伴随着企业不断成长，深深植根于自有组织的历史之中，并且受到企业员工的信赖。企业文化是企业的灵魂。优秀的企业文化不仅可以影响人，鼓舞人，还能够塑造人。工匠精神是优秀传统文化、企业精神的传承和发展，与企业文化有着相同价值取向，能够引领企业文化的发展方向，因此，推动企业工匠精神培育就需要完善企业文化建设。

"培育工匠精神就要构建支撑工匠精神的文化"①。企业要以特有的企业文化来影响员工，全面改变固有认知，增强员工的责任感和使命感，打造专业化团队，保证诚信经营，提升服务质量，邀请行业内部的知名工匠来企业讲座，让员工与工匠近距离接触，注重宣传引导，积极开展向劳模工匠学习活动，通过新媒体传播创作喜闻乐见、易于传播的工匠精神文化作品，发挥以点带面的辐射作用，营造推崇工匠精神的良好氛围；同时还要关注新进员工，突出新进员工对工匠精神的认可，组织员工去先进单位参观学习，在潜移默化中让员工学习工匠精神；不断推进企业的党建思政工作，加强员工的思想政治教育，帮助员工提高文化修养和思想水平；工匠精神体现在劳动生产的各个环节，企业要将工匠精神运用到一线实践工作当中，用文化底蕴和精神熏陶让每一位职工熟练掌握工作技能，同时也能提升自我综合素质，构建技能竞赛平台、创新创效平台，不断提升企业员工技术能力；以关爱精神引领员工，坚持以人为本，关注员工心理健康，真心实意为员工办实事，丰富员工业余生活。

工匠精神不是简单的形式主义、喊口号就可以实现的。有关研究表明，工作的目标感与收入、敬业度和忠诚度之间存在相关性。为此企业要充分利用现有资源，完善企业人才培养机制，树立德才兼备的人才培养理念，结合本行业生产、技术发展趋势，把培养富有匠心、技能过硬的高技能人才纳入企业发展总体规划和年度计划中，加强对技能人才的培养；强化人文情怀管理，搭建一线员工与企业的沟通渠道，倾听员工的内心想法，了解员工真正的需求，切实帮助员工解决工作和生活中的实际问题，不断增强员工企业认同感，

---

① 刘志彪.构建支撑工匠精神的文化 [J]. 中国国情国力，2016（06）.

（三）丰富工匠精神培育的形式载体

企业传统的活动形式丰富多彩，坚持多样化的传统活动可以丰富工匠精神培育的形式。

1. 开展教育活动

工匠教育的培育首先是教育的结果。我国劳动力资源比较丰富，但劳动力整体素质还有待提高，企业要加强思想道德教育，充分发挥党支部的战斗堡垒作用，引导广大员工学习政治理论，学习业务技能，引导员工树立"终身学习"的理念，关注员工的职业发展，组织员工制定个人发展计划，选取优秀专业技术人员，开展形式多样的技能培训，建立完善"线上＋线下"立体式的教育培训模式，深入开展工匠精神专题学习、专项讨论交流等活动，引导员工带着问题开展工作，深化应急预案体系建设，提升员工应急处置能力，营造良好的人际关系，加强员工心理健康教育，做好帮扶工作，帮助员工解决生产生活困难，提升企业的凝聚力。

2. 宣传典型工匠

发挥先进典型工匠的引领示范作用。企业的先进典型是工匠精神的集中体现者和重要实践者。企业要高度重视先进典型的培育和宣传工作，定期从一线员工中选拔恪尽职业操守，崇尚精益求精的典型代表，大力宣传大国工匠的优秀事迹，开展以弘扬工匠精神为主题的宣传教育，充分利用新媒体技术，通过微信公众号、视频号等多种宣传方式，集中宣传企业生产经营活动各环节的工匠人才，让工匠精神深入人心，传播正能量，树立创先争优的意识，让辛勤劳动、创造性劳动成为全体员工的自觉行为，打造精品，追求卓越，广泛听取员群众意见，改善员工的劳动条件，使他们持续以最饱满的热情投入到工作中。

3. 策划群众活动

策划开展工匠精神的群体性活动。充分工会的服务作用，通过悬挂宣传横幅，发放宣传材料等方式，向企业员工宣传法律知识、信用知识等，增强员工诚信守法的自觉性，维护员工的合法权益；广泛开展全体性文体活动，提高员工的身体素质，增强员工凝聚力、向心力，缓解工作压力，丰富员工的精神文化需求；做好企业员工后勤保障服务工作，优化工作环境，简化办事程序，进一步增强主动服务的意识，提高服务质量，解决员工的后顾之忧，用工匠精神提升企业的团队凝聚力和战斗力，切实增强员工的幸福感和满意度。

4. 利用媒体宣传

企业宣传的根本目的是树立良好的品牌形象，传统的宣传方式具有时效性差的缺陷，"大数据"时代的互联网平台突破了时间和空间的限制，使宣传方式呈现多元化的形态。新媒体的融入，为企业丰富工匠精神提供了强有力的工具。互联网科技将抽象复杂的工匠精神转换为直观具体的信息，使人们更加深入地理解工匠精神。新媒体强大的互动性是传统媒体所无法比拟的，员工可以在微博、贴吧和论坛等载体上发表自身的意见，并就企业在宣传和运行中存在的问题提出相应的意见和建议，从而使新媒体成为企业和员工友好互动式的交流平台。宣传教育工作实现线上线下结合，借鉴已有成功案例做好宣传推广，结合企业本身的品牌定位，打造新媒体矩阵，建立起立体化的触点，协同放大宣传效果，形成鲜活的企业文化，推动企业工匠精神培育的实效。

5. 与企业员工理想信念教育融合

（1）工匠精神是当前理想信念教育的绝好依托。任何个体要想取得事业上的成功，离不开坚定的信念并为了实现理想而坚持不懈努力；任何民族和国家的发展，也离不开科学的理想信念并为了实现理想艰苦卓绝的奋斗。由于企业员工成长背景和学习能力大不相同，企业要想在员工中开展理念信念的教育工作并不是一件容易的事。当前人们的生活总体达到了小康水平，大部分企业员工没有体验过中国革命和社会主义建设初期的历史变革，这就导致他们无法正确理解中国特色社会主义道路面临的严峻挑战，也无法准确把握经济全球化带来的机遇，同样也无法理解理想信念对个人成长，对民族和国家发展的重大指引作用。理想信念本身是整个社会发展的产物，且随着社会发展而变化，不同的历史时期孕育着不同的理想信念。受成长环境的影响，企业员工具有个性突出，乐于表现自己等优点，但同时又具有承受挫折能力差与情绪控制能力较弱等缺点，这就意味着在企业员工中开展理想信念教育必须要从员工的身心特征出发，紧跟时代，与时俱进，贴近现实，才能容易被接受和认可，否则容易流于形式，成为空洞的口号。对于工匠，人们一直秉持着歌颂和赞美的态度，认为工匠是值得学习的楷模，古今中外概莫能外。各行各业的工匠就是紧跟时代且与人民生活联系最为密切的最生动的形象，很容易引发人们的共鸣，他们的先进事迹，人们也乐意模仿。工匠精神又恰好是融合了个人崇高理想信念的职业精神，能在同行业中形成强大而持久的辐射效应，指引行业内的其他人员树立起爱岗敬业的精神，以认真负责的态度对待工作，不断追求完美，进而生产出质量优良的产品，给客户带来无可挑剔的体验，这都具有广泛、深远的社会意义。无论任何时代，成为行业内的顶尖技术人才是每一位技术人员的内在追求，将工匠当作学习的榜样就是他们实现自我成长的重要手段。工匠生动具体的形象为员工提供了最丰富的内容，催促他们不断学习新知识、新技术。以工匠精神为蓝本进行理想信念教育，是企业员工乐于接受的载体。

工匠精神与从业者自身的崇高理想信念具有内在一致性。社会的发展离不开科技革新，一线劳动者是否具有崇高的理想以及是否愿意为了理想持之以恒的奋斗直接影响着技术革新能否持续地开展。只有所有行业的工匠都有着坚定的信念，从客户的需求出发，爱岗敬业，才能不断实现技术创新、管理创新。积极向上、充满正能量的工匠不仅是企业发展的内在需求，也是员工自由全面发展的内在需要。对拥有工匠精神的员工来说，工作是世界上最美好的事情，他们从工作过程中得到了幸福感和成就感超越一切事物，以精益求精的态度对待每一个环节，不放过任何一个技术细节，精耕细作。实践证明，将工匠精神有机融合在企业员工的理想信念教育中能够有效提升企业员工的理想信念境界，提升企业职工的整体素质。因为对普通工人而言，理想信念太过于抽象，他们很难理解更不用说落实在日常的工作中，而工匠精神则是普通工人最熟悉不过的事物，通过工匠精神开展理想信念教育能够便于他们理解和落实，同时符合培养高素质人才的内在需求。

个体态度形成理论是一个漫长的过程，需要经过顺从、同化和内化三个阶段，之后才会逐渐稳定。这个过程既受到外在环境的影响也受到自身经验、情感和意志的制约。如果企业中有某位员工不仅具有高超的技术水平而且有着优秀的道德品质，企业为了表彰这位员工会不断提高其福利待遇，高尚的道德品质、娴熟的工作技能以及硕果累累的工作业绩很容易让其他员工折服，并将其作为学习的榜样，以他的思维体系和价值取向作为自己为人处世的原则，这一点与态度形成的规律非常符合。因此，将工匠精神与理想信念结合起来，能够促进企业理想信念教育水平的进一步提高。

（2）工匠精神是培育行业未来骨干力量的最佳路径。在企业员工中开展理想信念教育不仅是提升员工思想道德水平的理论问题，还是促进员工个人成长的实践问题。工匠精神与从业人员践行自己的理想信念紧密相连。我国古人对理想信念的重要性有着精辟的阐释"三军可夺帅也，匹夫不可夺志也""有志者事竟成"。有着远大的理想的人，必然是有着强烈的责任感，勇于担当，必然会将自己的事业追求同祖国的繁荣昌盛结合起来。工匠所具有的技术和技能是体现其工匠精神的物质载体和手段，每个工匠都有着追求卓越技术的内心愿景，他们将这种愿景熔铸在日常的工作中，通过不断的追求技术上的精进，推动自身与工作朝着共同的方向前进，最终成就一番事业。企业内的其他员工通过日常同优秀员工的接触以及企业的宣传了解到他们的伟大，从而使其他员工将优秀员工当作工作中效仿的楷模，引导他们根据岗位需要和个人才能，持续不断地挖掘自身潜能，追求卓越的技艺和品性。

工匠的一生是平凡的，他们不一定做出过惊天动地的大事；工匠的一生又是伟大的，他们自己的岗位上兢兢业业，为中国特色社会主义建设贡献着自己的力量。构成工匠平凡而伟大的人生轨迹的因素是多种多样的，他们对理想信念的独特理解是最重要因素。正因为他们意识到理想信念的重要性并且不断践行着自己的理想才能取得卓越的成就。在企业员工中开展理想信念的教育有助于纠正理想信念有偏差的员工。任何岗位都是由一系列枯燥且烦琐的工作构成的，任何职务的开展都不会是一帆风顺的，都会遇到各种各样的艰难困苦。毅力和耐心是完成工作必不可少的条件，如果没有相当的毅力和耐心，总是半途而废，那么是无法品尝到成功的喜悦。工匠精神再一次证明，我们虽然无法决定我们的岗位和职务，但是我们可以决定我们的工作态度。对工匠来说，人品比技术更为重要，如果一个员工即使他的水平并不比其他高多少，但是他有着认真负责的工作态度，坚决杜绝在工作中出现错误，而且不管接到什么样的工作任务总是要求自己一次性将事情做好，那么就可以说这个员工具有工匠精神。企业通过宣传工匠事迹可以帮助那些对于理想信念有偏差的员工改变好逸恶劳的错误想法，使他们清楚地了解到他们和优秀员工间的差距，从而引导他们调整思想，正确把握人生方向和奋斗方向；工匠爱岗敬业、艰苦奋斗的精神，还可以使员工明白伟大的事业是干出来的，他们只有把眼前的本职工作做好了，未来才有可能承担更大的责任，胜任更高的职位，同时还可以激发他们工作的积极性和创造性，使他们面对工作中的困难迎难而上，享受挑战困难工作的快乐。由工匠精神引申出来的崇高理想信念，是企业员工健康成长的必要条件。通过在员工中开展理想信念的教育工作，引导员工树立起崇高的职业道德，并将职业道德展现在日常的工作中外显为各种职业能力。企业在员工中提倡工匠精神，最根本的目的就是为了让企业员工将工匠精神内化为自己爱岗敬业的理念，在日常的工作中践行工匠精神，以认真负责的态度对待每一项工作，树立终身学习的理念，不断学习行业内的先进技术经验，提升专业技能，将自己打造成既具有真才实学又具有无限潜能的杰出人士。员工将成为卓越的工匠作为自己的人生目标，为了实现这个目标，积极主动的参与优秀工匠间的交流，结交优秀工匠，直至获得"工匠"的称谓，实现自己的人生价值，这是一种至高无上的荣耀。企业员工在科学认识和追随工匠精神的过程中，会自觉改正错误观念，会自觉抵制肤浅与浮躁的工作状态。

工匠精神是对工业文明发展的最高精神成果的集中反映。在工匠眼中，技术不仅是自己谋生的手段，产品也不仅是自己获取劳动报酬的载体。对优秀的工匠来说，产品就像是自己孕育的孩子一样，为了能够制造出更加完美的产品，工匠投入了大量的时间和心血。工匠追求完美的过程又是工匠对自我的要求，也是工匠自我性格和才能的投射。工匠个人的生命是短暂的，但是他将产品当作了生命的延伸，通过不断的创造产品实现自我的永生。从这个意义上说，工匠精神蕴含了深刻的人生哲理和浓郁的人文社会关怀。工匠精神代表了人类追求极致的美学理念，通过对工匠精神的宣传可以使更多的人了解美、创造美，进而营造出至情、至美的人文环境。技艺是工匠精神的载体，工匠通过展现专业的技能水平，使企业员工意识到劳动光荣。工匠不断的革新技术，使生产的产品满足市场和客户的需求，不仅为自己赢得了不菲的物质报酬，而且有企业赢得了良好的声誉，使企业员工意识到技能宝贵，进而全社会尊重技能人才，实现体面劳动。同样，工匠不是流水线上的优等品，不是按照统一模式打造的"机器人"，而是品德高尚、技艺精湛的楷模。获得工匠称号的劳动者必然以自己的工作为荣，必然从工作中得到了无与伦比的归属感和幸福感。企业通过宣传优秀工匠的事迹，可以使员工明白，虽然职务和岗位有高低之分，但是工作本身没有贵贱之别，工匠的"现身说法"恰好印证了即使是再不起眼的岗位，如果端正工作态度，敬畏职业，勇于创新，那么也能干出一番不平凡的事业。工匠不忘初心和奋斗不止的品格会引领企业员工恪尽职业操守，将一丝不苟的精神融入生产经营的每一个环节，不断提高产品质量。

四、加强自身的修养

（一）树立正确的劳动价值观

劳动是宪法赋予每一个公民的权利，所有的劳动者，无论是体力劳动者还是脑力劳动者，无论从事简单劳动还是复杂劳动，都是在为国家和社会奉献自己的力量，都理应得到全社会的尊重。工匠是劳动者中的杰出代表，他们通过自己的劳动为组织和社会提供了卓越产品，也为中国梦的实现建功立业。

1. 劳动光荣

近年来，党和政府积极践行着对劳动者的承诺，积极改善劳动环境和条件，全方位维护劳动者权益，再度扬起"劳动光荣、创造伟大"的社会舆论大旗，让那些默默支撑中国工业的一线工人站在了历史光辉的舞台上，向社会宣告：技术工人是制造业的根基，是中国工业的脊梁。工作态度决定职业高度。每一个劳动者都该重拾骄傲与自尊，挺直了腰杆坦然地说：我凭劳动吃饭，我光荣，我的劳动在为国家和社会作贡献。

优秀技术工人的劳动富含更高的价值，尽管当前机器人被越来越多地应用到生产过程中，但在实际工作依然离不开技术工人的智慧与双手。科学家脑中产生想法，工程师设计图纸，工匠制造出产品，商品从创意到实物，三类劳动者缺一不可。正是这些优秀工匠的劳动推动了很多设计的实现，创造了很多的奇迹。例如，"大国工匠"高凤林在火箭"心脏"里的焊接劳动让中国火箭得以稳稳地上天，他和他的团队的劳动为中国的国防科技事业的发展作出了不可磨灭的贡献。

2. 技能宝贵

信息化、数字化、智能化正在改变着制造业的格局，机器代替手工成为趋势，人工技能面临巨大挑战。但这并不表明，技术工人的技能没有了存在价值。面对社会上对技术工人的各种质疑，任何先进技术都是手臂的延伸，科技如何发展都不能替代人们劳动的双手。如果说，科学家是"做梦"的人，那么技术工人的职责就是把梦想变为现实。

我们不否认机器尤其是智能机械对劳动者的解放，以及在很多领域对劳动力的替代价值，但人是活的，机器是死的，是受人控制的。面对复杂多变的作业，人可以根据变化了的环境灵活处理各种问题，而机器对新情况的处理就没有那么灵活了，关键是机器的各类程序调整也需要人来完成。所以，技术工人的卓越技能不会过时无用，只要与时俱进，便有着独特的宝贵价值。

3. 创造伟大

创造性的劳动不拘泥于传统，是有开拓性质的劳动，也是蕴含丰富智慧的劳动。创造性的劳动是现代企业重要的竞争力，也是我国制造业转型升级的必要元素。创造性的劳动体现在革新工具、创造新的工作法、改变流程、达到更高水平的操作技能等多个方面。创造性劳动可以带来工作效率的提升，降低运营成本，也可以解决新出现的问题，当然也能更多地体现工人阶级的价值。所有的技术进步都是创造性劳动的成果，所有的新产品也都来自创造性的劳动。

创造性的劳动值得提倡，更值得赞扬。人类之所以成为地球的主宰，就是因为拥有创造能力，这种创造力会随着经验和学识的积累而不断增强。在职工群众中就蕴藏着巨大的创造力，这一点在全国总工会引领的合理化建议、"五小"发明等创造性活动中有充分的体现。每一年，各企业、事业单位都会涌现出大量的创新发明成果，为本企业、行业乃至全社会带来巨大的经济效益和社会效益。尤其是那些善于创新的优秀工匠，他们以自己的勤劳和智慧创造着新的财富，也带领着更多的职工走向创造之路。

（二）在日常工作中挖掘自我

1. 岗位练兵是基础

岗位练兵借用的是部队官兵的术语，是工会通过劳动和技能竞赛，掀起比、学、赶、帮、超热潮，引导员工立足本职岗位，学练技能、勇于创新、建功立业，成为技术尖子，创一流产品。

岗位练兵本身很简单，就是做好、做精自己的本职：以负责任的态度对待日常工作，调整好心态；即便在普通的岗位上，对待简单的操作，也要重视；不对工作内容做太多价值评判，也不用去比较岗位的高低贵贱；把本职工作做到极致，不断要求进步，这些都是岗位成才的重要态度。

岗位工作一般都是具体而细微的。因此，要做好本职工作，就必然要从细微处、不起眼处着手。现代社会工业生产的复杂程度大大提高，分工更为精细。越是大型的项目与活动，设备与工具越是高端，其构成环节就越多，构成的元素就越复杂，彼此之间的关联性与依存度就越高，真正是"牵一发而动全身"。

2. 进行合理化建议

合理化建议是指对周围原有事物的改进、充实、完善和提高所采取的办法、措施和方案，是一种特殊的竞赛模式，人人可以给组织提意见和建议。

（1）我国的合理化建议

在我国，合理化建议活动既是企业民主管理的重要形式，也是企业发挥职工主人翁作用，充分挖掘内部潜力的有效途径，还是技术工人展现聪明才智的有效渠道，更是创新企业管理方式的一种有效形式，同时也是工会组织提高工作活力、创新工作思路的重要措施。

合理化建议最初起源于中国。早在 20 世纪 50 年代初，为了调动广大工人群众的创新积极性，恢复国民经济，我国开始鼓励企业开展技术革新，鼓励技术上、管理上的发明创造和合理化建议，并迅速推广技术革新的先进经验和新的操作方法。

合理化建议一方面反映了员工的期望，是员工与管理者、员工与员工之间有效沟通的纽带和桥梁；另一方面也表明企业的制度建设、运行机制、技术改造、运营管理等方面有待进一步改善、加强。因此，重视员工合理化建议，鼓励员工广泛参与合理化建议活动，对企业改革创新、降本增效、持续发展具有良好的推动作用。

（2）合理化建议的内容

企业在生产经营的实践中，必然会遇到这样那样的问题，一线的工人对此是最清楚不过的。因此，他们的建议往往最有针对性。整体来说，不论是企业日常的生产、管理，还是经营、销售等方面，只要是能够为企业挖潜增效、增加效益的内容，都可以归纳为合理化建议的范畴。

合理化建议的常见内容如下：

投资发展方面：投资的方向、项目的市场前景、项目方案的优化设计等。

生产管理的改进及提高方面：产品产量、质量的提高；设备、仪器、装置的改进和维护；节能降耗、修旧利废等。

技术水平的改进及提高方面：科研成果、科技成果和先进技术在企业内的推广应用。

（3）合理化建议的确定

要鉴定合理化建议是否有价值，通常来说，可以从以下三方面进行：

第一，先进性：建议对企业（组织）原有状况有所改进、改善或者提高。

第二，可行性：所提的方案、措施在本企业（组织）的生产条件下有实行的可能性。

第三，效益性：方案、措施实施后能够给企业（组织）带来一定的经济或者社会效益。

（4）职工参与合理化建议的注意事项

第一，了解企业要开展的合理化建议活动，合理化建议一般都会根据企业运行情况设定主要范围，每年可能会有不同侧重。一般企业都会把合理化建议集中在技术改造、质量攻关、新产品开发、新技术应用、双增双节等企业生产经营面临的关键问题和薄弱环节上。所以，职工的合理化建议也要围绕企业的重点工作或者薄弱环节发力。

合理化建议的基本程序一般都是由工会和企业联合发起活动，对提交的建议方案进行初筛，然后选送上级评审机构，通过专家评审、鉴定，确认获奖名次。整个过程会有一个时间段，所以参加者可以先期在自己的岗位上练起来、用起来。

第二，要提有效建议。合理化建议的重点不在"建议"，而在"合理化"，即要能帮助企业解决实际的问题，符合先进性、可行性和效益性三个特点，能够实施落地，产生效益或价值。否则，建议提了也是白提，不具有任何价值。

克服胆小思想，大胆提出新方案。有人不敢提建议是因为很难将人与事分开，担心提出建议影响到别人，带来打击报复；还有人担心观点不成熟、能力不够，提出的方案建议并不能有预期的效果。当然，也有人不敢提是因为个性内向、不爱说话，观念里认为提合理化建议是出风头的事情，可以不做。参与者要转变自身观念，克服紧张胆小的心理因素，认识到只要是对企业或者社会有利的建议，都可以尝试提出。方案不完备、没试验也没关系，可以在过程中边做边完善。创新没有那么难，换个角度，或许就能解决难题。

（三）借助团队提升自我

从管理学的视角看，团队是由一群志向相同、目标一致的人构成的共同体。该共同体合理利用每一个成员的知识和技能协同工作，解决问题，以实现共同目标。现代组织理论提倡，团队力量的形成不应只是补齐短板、牺牲自我，还应该是挥洒个性、表现特长，团队成员优势互补，共同完成任务目标。

在这个世界上，任何一个人的力量都是渺小的，只有融入团队，与团队一起奋斗，借助团队的力量，才能实现个人价值的最大化。作为企事业单位组织成员之一，职工可以借助的团队力量包括：班组——基层的一级组织，也是对个体影响最大的团队；师徒——高师带徒，借助传承，可以使新人快速提升技能和岗位经验；创新工作室——精英团队，重点在培育职工钻研技能、精益求精的职业精神，引导职工敢于创新、追求卓越、打造一流产品、提供一流服务，这个团队高手聚集，只要是想成为优秀工匠的职工都可以参与进去。

1. 加强班组建设

班组是企业的细胞。班组工作既是企业一项重要的基础性工作，也是工会工作落地开展的重要依赖。做好班组劳动和技能竞赛工作，对提高企业的整体经营管理水平，进一步调动职工群众的积极性、创造性，培养高素质职工队伍等方面具有十分重要的意义。

（1）班组建设的总体要求和目标任务

班组建设是一个大概念，既包括班组管理的内容，也包括素质提升、党（工、团）小组建设等内容，具有综合性、系统性和多样性等特点。

班组建设以打造高效、创新、和谐班组为目标，进一步推动班组工作制度化、规范化、科学化和民主化，不断提高班组执行力、创新力和凝聚力，努力把班组建设成为能够出色完成生产（工作）任务、具有较强创新能力、管理科学、纪律严明、团结和谐的集体。

（2）班组竞赛是职工快速成长的动力和平台

开展班组层面的劳动和技能竞赛，有利于推动班组的组织建设、思想建设和业务建设，夯实企业班组基础工作；有利于班组之间形成"你追我赶、相互学习、相互帮助、共同提高"的竞赛热潮；有利于培养创先争优、团结拼搏的班组精神。班组的进步源于职工的进步，职工的提升促成班组的领先。用好班组竞赛的平台，实现"我与班组共成长"，可以通过以下具体路径实现：

积极参与班组职工技术创新竞赛，提升创新能力。职工技术创新主要来自一线班组的思考和创造。有创新意识是前提，创新的能力则可以依赖团队来实现，每个职工的长项拼接在一起，也许就能产生创新的成果。班组创新可以针对企业技术、工艺、管理中的难题，持续开展以合理化建议为基础的技术革新、发明创造等活动，还可以在班组之间进行合作，探索建立区域性或行业性职工技术创新联盟，完善"企业为主体、职工为主力、岗位为阵地、问题为导向、技术研发部门提供支持"的职工技术创新体系。

积极参与班组职工素质提升竞赛，实现自我综合素质提高。建设知识型、技能型、创新型职工队伍是基层班组的另一个重要任务。全国总工会一直号召企业从班组抓起，通过"职工小家"建设，形成互帮共进的模式。让职工借助班组里的岗位练兵、技能竞赛、技术培训、技术交流等活动，全面提升自身素质，努力成长为工匠人才和创新人才，为"十三五"目标实现提供坚强有力的智力支持、人才保障和技能支撑。

各单位的"职工小家"建设能很好地凝聚班组成员的力量。班组成员关爱和投入到小家的建设，能使自身在这个过程中不知不觉地发生改变。读书、情感交流、技术帮扶、互相鼓舞，每个人都把班组当成自己的家来建设，才能形成"勤奋工作、快乐生活、健康成长、温暖和谐"的集体。班组团队的力量就是引领、督促，调动一线职工建功立业的积极性、主动性和创造性。

（3）积极参与班组创建"工人先锋号"，增强责任意识和管理能力。争创"工人先锋号"是全国总工会号召的发挥基层班组作用的重要任务之一。这种特殊的团队竞赛从"十一五"时期全面开展，以创一流工作、一流服务、一流业绩、一流团队为内容，在引领职工发扬工人阶级优良传统，发挥工人阶级主力军作用，推动社会主义和谐社会建设方面取得了巨大的成绩，也培养出了许多高技能人才。实践证明，创建"工人先锋号"活动是引导职工立足本职、爱岗敬业、刻苦学习、忘我工作、不断进取的重要平台。这样的班组建设有目标、有旗帜，班组长积极示范正能量，班组成员紧相随，很好地激发了班组成员的整体素质提升。

基层班组作为企业生产经营服务的一线单位，其兴则业兴，其衰则业衰。作为团队，育人之责必不可少，所以必须有自己的规则。作为其中一员，除了要努力精进自己的业务能力，同时还要有责任意识，不给团队拖后腿，严守组织纪律，更要在组织需要的时候挺身而出。良好的小环境对人的感化教育作用不容忽视。

2. 师徒相帮

师徒既是最小的团队，也是最紧密的伙伴。我国传统文化中"一日为师，终身为父"的观念让师徒关系远超过一般的同事关系，充满感情色彩，也带着一些使命责任，是一种更稳定有效、有针对性的人才培养模式。

工会系统主推的"高师带徒"也完成了制度化、体系化的过程，近年来越发成熟。师徒结对已经超越了对一般新人的培养范围，形成了快速培养高技术人才的一种模式。

（1）高师带徒助新人成长

给新员工配师傅几乎是所有工厂习惯性的做法，有经验的前辈指导新人，可以帮助新人快速适应岗位技能的需要，形成职业素养。

高师带徒，作为工会组织的一个长效活动，在各个地方和企业开展得非常普遍。一般来说，经过自愿结对，在组织的规范下，经验丰富的师傅和徒弟达成培育新人的协议承诺。经过一定的培训，协议期结束后，通过考评测试徒弟的表现，再决定是否给师傅更多的奖励。奖励包括奖金和晋级评先时的积分。高师带徒评比受益者是师徒双方，奖励的时候会同时奖励师傅和徒弟，对师傅用心教、徒弟用心学是莫大的激励，消除了"教会徒弟、饿死师傅"的老旧观念，避免了师傅技艺不外露，徒弟只能偷学的窘境。

（2）高师带徒教学相长

师徒制将促进双方技艺提升。新人有新人的长处，带着新思想、新观念、新知识进入组织，对师傅紧跟时代步伐将是一种推动。当然，师傅毕竟要技高一筹，他们身上宝贵的实战经验是新人难得的财富，可以让新人少走很多弯路。很多成长起来的新时代工匠们，首先感谢的都是当年领他们进门的师傅。

长江后浪推前浪。带着新知识、新技能和新思维的年轻劳动者，如果能够将师傅认真、专注、精益求精的工匠精神继承下来，学到他们多年积累手艺的精髓，便会如虎添翼，走得更远。

（3）工会助力高师带徒

师傅上心教，徒弟用心学，育人效果才明显。虽然现在的师徒制度有基本的激励和要求,但在现实中,很多师傅自己做得很棒,却不知道怎样把经验和技巧传递给徒弟。一些悟性不强的徒弟学习起来也没有信心,学习效果不好。对此,要将师徒制度良好地运转起来,需要以下几方面的努力。

①工会组织。通过组织专门的高师带徒经验交流会,给师傅先行传授教徒的技巧和方法,加强他们对现代年轻人的心理、个性认识;以拜师会为抓手,组织新老员工交流会,实现自愿结对,这将大大改观秉性不和带来的师徒关系紧张;对有能力的高级技师,在条件允许的情况下,突破一对一结对方式,积极构建一个名师、带动一批、辐射全员的连锁效应;加大师徒共进的奖励力度,让大家进一步地增强动力。

②师傅。授人以鱼不如授人以渔,教徒弟重在教方法、教精神、教习惯。教授时以鼓励为主,带领徒弟循序渐进逐步提升。严师高徒是不变的真理,现在的年轻人需要培育吃苦和坚守的精神,让其认真履行岗位职责,精益求精于产品制作。尤其是一带多的名师,可以通过现场指导、当面点评、专题研讨等活动进行集中指导,从而给徒弟们带来互相学习的氛围。

③徒弟。作为想尽快成长的新人后生,学习的自觉性、主动性必须要有,不仅要认准师傅,还要博得师傅的喜爱,让师傅打心眼里愿意带你。大师级的师傅们无一例外都会把徒弟的人品和个性认同放在第一位,勤奋、上进、本分、踏实是他们最看重的做人品质。就如上海焊神张翼飞,他选择徒弟的第一标准就是人品好、能吃苦。事实上,人和人最大的差异可能就在于态度的不同。工匠的成长是学出来的,更是磨出来的。作为学徒,必须要静下心来,持续地、逐步地提升技艺。

3. 创新工作室

（1）创新工作室是职工施展创新能量的新平台

劳模和工匠人才创新工作室是由全国总工会倡导,基层工会、劳模、工匠和职工群众创造的创新组织,是工会经济技术创新工作开展的载体。近些年,为解决我国经济社会发展不平衡、不协调、不可持续,以及发展方式粗放、创新能力不强、资源约束趋紧、生态环境恶化等问题,党中央先后提出了创新驱动发展,大众创业、万众创新,《中国制造2025》等系列发展战略。这些战略均将创新摆在了核心位置,对创新工作提出了更高的要求。全面创新,需要千千万万个普通劳动者的积极响应。

为了应对新的时代要求，全国总工会积极部署，除了继续在职工群众中加强"五小"活动、合理化建议等形式的创新类竞赛，还联合相关部委特别加强了职工创新基地、创新平台建设，即发挥劳动模范和大国工匠包括具有创新能力和创新意识优秀职工的创新热情，打造一个个以这些创新示范人物命名的创新工作室，为有想法、有能力的创新职工提供头脑风暴的场所、创新发明的空间，以及有力的制度与资金支持。

班组层面的竞赛为每一位普通职工的成长提供舞台，创新工作室则是全国总工会和人社部打造的另一个为一线有志职工提升创新能力、展示创新才智的更高平台。越来越多的创新工作室把蕴藏在广大职工群众中的创新、创造潜能激发了出来。很多杰出的工匠就是依托创新工作室取得了更多的创新成果，而创新工作室也成了有创新想法的职工的聚集地，大量职工创新成果也是从这里诞生的。

（2）创新工作室是职工成才的"孵化器"

创新工作室能够发挥劳模、工匠的专长和技术优势，推动企业增强核心竞争力，并发挥先进人物、高技能人才的"帮、带"作用，着力培养知识型、技能型、学习型、创新型职工。这既是所有创新工作室最共同、最突出的"亮点"，也是创新工作室吸引青年职工无怨无悔投身进来的"魔力"所在。

创新工作室一般都是以一名在技术、业务方面有专长，有一定的理论水平、工作经验和创新能力的劳动模范、工匠或高技能人才为"掌门人"，组成一支老中青相结合的专业团队，从而达到增强企业核心竞争力的目的。有志职工也可以借助这个平台，提升自己的技能水平，实现自己的成才梦想。

（3）创新工作室是职工创新、创效的"发动机"

在企业，劳模、工匠和高技能人才都是宝。他们不仅仅在劳动精神方面鼓舞着普通职工，更在技术创新方面起着引领作用。企业也高度重视和大力支持创新工作室的建设，尊重工作室团队的创新劳动，积极引导工作室围绕解决企业生产、经营、管理中的重点、难点问题，开展技术革新、发明创造、技术攻关和技术协作，提高劳动生产率和经济效益。创新工作室在场所上、设备上、经费上都能得到组织的支持，团队成员也都非常精干，并充满创新热情，创新成效将非常明显。

近几年，在国家创新战略引领下，全国各地都在创建创新工作室，不断投入人力、物力、财力。创新工作室以劳模或工匠为引领，以技术创新和管理创新为手段，以服务企业生产经营活动、促进企业科学发展为目标，成为传承劳模精神、劳动精神和工匠精神，传授技术技能，推动创新创效，推动班组建设，全面提升职工技能素质的崭新平台。未来职工的创新创效平台更宽阔，工匠成长路径更多元化。

（四）利用平台锻炼自我

1. 借助互联网进行学习

为深入贯彻落实党中央关于加强和改进"互联网＋"时代下群团工作的新要求和《新时期产业工人队伍建设改革方案》，全国各级工会都已行动起来，积极推行"互联网＋"的普惠性服务，建设网上"职工之家"，推进工会网上工作创新，以信息化方式为职工提供精准、发展、创新性服务，正在形成一个集信息传播、文化教育、普惠服务、互动交流、协同办公等功能于一体的网上智能系统，逐步实现网上维权帮扶、提供公共服务等，大力开展网上技能培训、素质提升工作，为亿万职工的工匠梦想插上翅膀。

（1）利用好网上学习资源

工会系统新媒体在互联网时代也突飞猛进地发展，尤其是近几年来，工会新媒体迅速发展到9000多个，影响覆盖的职工人群超过1亿人，传播力不断增强，影响力不断扩大。各级工会不仅通过新媒体网络平台深化"中国梦，劳动美"主题教育，大力宣传大国工匠、金牌工人和技术能手等事迹，也致力于利用信息通信和网络技术手段，建设大国工匠人才库和技术创新成果数据库，系统整理和介绍大国工匠和高技能人才的技术革新、发明创造、绝招儿绝技和先进操作法。这些数据、图表、视频材料汇集起来，无疑会是一本生动、前沿、"高端"的技术工匠教科书。

这些现身示范的教材，可以让更多想提升自己技能水平的产业工人获得最便捷、最廉价的学习机会，使大国工匠在创新攻关方面的示范引领和"传、帮、带"作用得以落地。未来，工匠还可以借助影视演示的终端设备，制作直播讲座，将他们的技艺、经验更直观地分享给学习者。通过这些互动平台，可以同时为分布在各地的亿万职工答疑解惑，具有良好的学习效果。

（2）用好技术工人培训的网络体系

我国的产业工人千千万，行业岗位也千差万别，而且分布在幅员辽阔的区域和大小不一的单位。因此，全国总工会、人社部、教育部、科技部等部委都从各自的体系建立起服务于产业工人技术提升的培训平台。依托全国职工技能实训基地、就业培训基地、农民工技能培训示范基地、工人文化宫和职工技能培训示范点，全国总工会正在构建正规化、系统化、规模化、联盟化的大国工匠技能培训网络体系，为技术工人提供全面、便捷、实用的教育培训服务，开展技术交流、技术协作、技术攻关。这个体系源自工会系统，是全面服务职工队伍的。当然，各地工会和政府部门也在积极构建、整合培训资源，通过校企对接、产教链接、工学融合，培养掌握和运用新知识、新技术、新工艺的技术工人。

2. 利用企业、工会及社会提供的素质提升机会

"能工巧匠"是在市场竞争中磨砺出来的，也是由内在的激励机制激发点出来的。无论是企业还是工会，都期待工匠成批出现，更好地服务于组织和社会。因此，培育能工巧匠是企业和工会的共同目标。

（1）劳动竞赛前后的培训和交流

劳动竞赛赛前通常会对参赛选手进行集中训练，一般也会有技艺高超的人进行指导和培训，这是提高技艺最快的机会。所以，一定要积极参加劳动竞赛的选拔。即便最终没有得到名次，准备阶段的经验收益也是平时工作的好几倍。

对能参加比赛的职工来说，无论成绩如何，和很多高手竞技也是最佳的学习机会，包括赛后的交流。往往高人一个示范或者指点就可能让人茅塞顿开，获得技艺上的新成长。所以，要积极参赛，并把握赛前、赛中、赛后的每个学习交流机会。

（2）利用企业内部培训的机会

企业会对员工进行有计划、有步骤的培训，但是往往名额有限，并非所有人都可以得到。相对来说，那些平时有准备的员工（心理准备、时间准备、知识准备）更容易争取到机会。所以，想获得技艺的突破，除了自己的勤学苦练，还需要抓住能开阔思路、增进技艺的学习机会，与老师和同行进行积极的交流。带着问题去学习或研究，效果要远高于被动地、机械地接受。贵州工匠吕刚借设备外修之际，主动介入委托外修单位的工作中，从中获得新的思路和技能。有目标的勤奋，

能够得到更多的收获。

现代企业也在积极利用互联网手段加强职工的培训教育，这种手段不仅方便职工随时使用，而且学习成本低廉。

（3）跟同行交流学习

到同行那里取经、交流是比较便捷的学习方式。有些交流需要借助企业间正式的平台，但想学习、进步，即便组织层面没有搭建互通平台，私下也可以通过各种渠道获得相关信息和经验。"他山之石，可以攻玉"，同类企业、同类岗位间的交流切磋常常不仅能碰撞出很多的火花或者引发新的灵感，而且能学到已经成熟的经验和做法，都有利于技能技术水平的提高。

（4）利用职工书屋等精神家园

职工书屋是全国总工会为保障广大职工特别是一线职工、农民工的基本文化权益。经过多年的建设和维护，各地职工书屋都日益显现出集腋成裘的效果，充分发挥了其文化功能、品牌优势和阵地作用，为职工提升素质搭建了学习通道和平台。各级工会每年都会下拨专项经费用于图书的更新和书屋的维护。职工书屋是职工获得精神食粮、工作动力和技术技能的有益平台，广大职工可以充分地利用。当然，想要获得知识和技术，企业外的渠道也有很多，如地方社区图书馆、大学、技校和职高的课堂等，都可以获取知识和能量。

第五章　工匠精神与"互联网+"

本章为工匠精神与"互联网+"，主要介绍了三个方面的内容，分别是工匠精神与智能制造、"互联网+"时代需要工匠精神、"互联网+"时代下工匠精神的培育。

第一节　工匠精神与智能制造

一、工匠精神与智能制造的关系

（一）智能制造与工匠精神的异同

1. 智能制造与工匠精神的相同之处

马克思主义理论强调事物蕴含着对立和统一，这是事物发展的客观规律。智能制造与工匠精神对制造业的发展具有统一的价值追求。现阶段智能创作已经成为全球制造业的主流发展趋势，尤其是一些发达国家，他们已经投入了大量的人力和物力进行智能制造技术的研发与推广。对于我国而言，智能制造与我国未来经济发展方向吻合，同时也是我国制造业转型升级的重要手段，可以在极大程度上提升我国制造业的核心竞争力。从某种意义上来讲，工匠精神不仅仅是一种生产理念，同时也是我国制造业转型升级的方向，以此来改变我国产品低附加值的标签，提升我国制造业产品的质量，打造国家化知名品牌，重新塑造我国制造业在国内和国际上的形象。

2. 智能制造与工匠精神的不同之处

一是智能制造推动制造业生产方式变革。基于互联网、大数据、物联网、云计算，从而使智能制造具有精准的感知、反馈、分析和决策的能力。二是智能制造创新全球供应链管理。智能制造将人机互动、智能物流、3D 打印等智能技术应用于生产过程，使企业可以在全球范围内调配和优化资源。三是智能制造引领制造业服务转型升级。从某种意义上来讲，智能制造贯穿于整个制造过程，消费者不仅可以享受到个性化的产品，同时也可以参与到产品的设计当中，亦可以对产品的生产、加工、销售流程进行监督。四是智能制造加快制造行业成本再造。这主要指的是在智能制造环境下，企业的生产工艺和供应链管理效率都会得到较大程度的提升，同时能源程度也会大大降低。

虽然智能制造与工匠精神的价值追求相同，但是二者在实现方式上却是对立的。从具体上来讲，主要表现为以下几个方面：第一，工匠精神是一种价值观。工匠精神作为一种价值观，它是一种内在的坚持，即从内心深处希望将事情做好的信念与意志，为此它可以激发无限的创造力。第二，工匠精神是一种使命感。从具体上来讲，工匠精神包含着很多优秀的品质，如严谨、细心、专注、奉献及创新。工匠通过不断的努力，将自己的产品推向一个又一个的高度。第三，工匠精神是一种责任心。从根本上来讲，工匠精神自身蕴含着一种责任心，即追求产品质量与服务，并将完美的理念融入到产品之中，从而使其具有生命。

（二）智能制造与工匠精神的实质

1. 智能制造实质是与时俱进

制造业是国家的经济命脉，同时也是经济发展创新、转型升级的主战场之一。提升国家制造业的综合竞争力，不仅可以提升国家的综合国力，同时它也是实现国家安全的必然选择。受全球金融危机的影响，世界制造业分工格局又发生了变化，在这样的形势下我国制造业面临着严峻的挑战。从当前我国经济发展形势来看，我国社会经济已经由高速发展阶段进入中高速增长阶段，之前的经济发展方式已经无法适应当前社会经济发展的需求，为此转变我国经济发展方式势在必行。从世界经济发展局势来看，欧美等发达国家制定并实施了"再工业化"的战略，优化制造业技术水平，抢占制造业高端市场。与此同时，世界上一些新型的发展中国家，利用自身廉价劳动力资源的优势接收各种劳动密集型产业的转移，抢占制造业的中低端市场。由此可以看出，我国制造业不仅迎来了新的发展，同时也面临一定的困境，为此我们要牢牢抓住这一历史机遇，积极创新，并借助智能制造推动我国制造业大国建设的进程。

2. 工匠精神实质是不忘初心

通常情况下，工匠精神具有一定的时代性，这也导致不同时代的工匠精神也有所不同。随着时代的发展，工匠精神中也融入了诸多新的元素，但是这并不影响其本质。古代的工匠精神包含严谨、敬业、专注、奉献，而现如今工匠精神不仅包含以上内容，同时也增加了创新精神，所以我们可以说工匠精神的重要程度与科技发展有关，且呈正比关系。当今时代的工匠精神也需要吸纳时代特征。工匠精神的时代特征是好奇、专注与初心，不是简单的工匠精神，也不是兴趣或者技能的拼接组合。工匠精神是一种集体思维状态，也是一种社会混合体。工匠精神是骨子里想把事情做好的信念和决心，更是一种不忘初心的内在坚持。

（三）智能制造与工匠精神的融合

1. 智能制造结合工匠精神

在过去是商人主导的时代，而在未来则是由匠人主导的时代。现阶段中国制造企业的关注点已经发生了转变，不再像之前那样追求产品业务的扩张，而是将关注点更多地放在提升产品的质量和服务，使自身成为一个完美的匠人。中国制造企业开始抛弃投机取巧的思维，将工匠精神融入产品设计、生产之中，抓紧打造"中国制造"品牌，从而助力我国制造业转型升级。将智能制造与工匠精神融合在一起，不仅可以提升产品的质量，同时也可以提升企业的经济效益。智能制造是时代发展的产物，同时也是时代发展的需求，在这样的时代背景下工匠精神被唤醒。当前，我国越来越多的企业开始重视工匠精神，并引进一大批工匠人才，以此来提升企业的产品质量，让中国制造响彻云霄。

2. 工匠精神融入智能制造

想要提升企业员工的工匠精神，势必要将工匠精神融入企业文化之中，在企业文化的熏陶下，员工会逐渐形成工匠意识，久而久之员工会将工匠精神转换为精神品质。不忘初心、精益求精成为企业的价值追求。随着我国社会经济的快速发展，中产阶级阶层逐渐崛起，他们对优质产品的需求日益增加，同时对生活质量也有了更高的要求。为此中国制造企业面临着一场前所未有的产品质量考验，将工匠精神融入智能制造可以最大程度上满足用户的需求，并提升企业的产品竞争力。

在创新驱动发展战略的引领下，智能技术与制造技术的融合发展，有效促进了生产过程的数字化、网络化及智能化水平，同时也创新了生产方式和生产模式，在这样的环境下，我国制造业由传统制造转变为智能制造，创新驱动智能制造形成中国制造的创新中心，用智能制造实现"中国制造2025"。在创新驱动发展战略引领下，工匠精神不但体现精益求精的追求和理念，而且积极吸纳新一轮高科技成果。工匠精神对于原技术既要进行传承和弘扬，也要进行改良与创新。创新驱动工匠精神是增加价值、提升品质、追求卓越、尽善尽美，用工匠精神实现"中国制造2025"。因此，大力实施创新驱动发展战略，坚持走创新驱动的发展道路，在创新驱动发展战略引领下，通过智能制造与工匠精神紧密融合形成合力，合力驱动中国制造的可持续发展。

二、以工匠精神推动智能制造的行业发展的建议

（一）完善行业标准与推广重点的行业

（1）我国相关政府部门应在结合我国实际情况的基础上，充分借鉴国际标准，以此制定符合我国国情的顶层文件。与此同时，我国政府部门还要加强与核心企业的合作，共同推广、应用智能制造。

（2）构建并完善智能制造标准化体系。从具体上来讲，主要有两种方式：一是以当前的标准为根本，对其进行不断的修改与完善；二是重新制定全新的标准。此外，在构建智能制造标准化体系时，要做好重点行业的调查，尤其是它们现在实行的标准，并在此基础上建立健全综合性的标准化技术体系。

（3）对智能制造的标准，应该分领域地逐渐推进，重点分析国际标准的调整趋势，不断统一共性技术与重点技术标准。

（4）对关联效应比较大的制造企业来说，更应该重点推广，比如：电力行业、能源等行业。

（二）实施税收补贴，引入社会资本

（1）根据实际情况，酌情减少智能制造行业的税收。对企业所采购的工业机器人、大数据管理技术等智能技术，可以给予一定的税收减免，或者提供一定的资金补助。

（2）在先进的智能制造技术方面，要做好对接工作，为智能制造的相关企

业提供所需的智能技术，不断缓解企业智能技术成本的资金压力。

（3）在智能制造方面的网络基础设施应该加大投入力度，构建区域性、全球性的网络服务平台，不断优化智能制造企业的资源配置。

（4）由政府、企业，再联合社会资本，建设一个共同的融资体系，对相关制造企业，要不断地升级、改造其智能化体系。

（三）打造智能制造的创新基地

当前，我国智能制造行业的发展速度与世界发达国家相比有较大的差距，为此我国应当借鉴发达国家智能制造网络构建的经验，并将创新理念融入其中，从而将打造一个政府为主导、企业为主体，多个机关部门共同参与的局面。此外，我国还应当针对不同的领域建设相应的智能制造技术研究基地，该基地主要为智能制造行业的发展提供后勤保障，如提供智能装备等。另外，基地中的高层研究人员也应当积极参与智能制造的各项活动之中，只有不断提升制造企业的智能制造技术水平，积极探索，发挥引领作用，进而为智能制造行业的发展提供充足的社会资本。

（四）大力发展现代智能制造服务业

（1）建设智能生产型的网络平台，不同的企业之间，应该逐渐实现信息资源的共享，使各项资源得到优化配置。

（2）打造先进的智能服务业集聚区，重点开发一批与智能制造相关的企业，提供新技术，能够开发出智能系统，并配有相应的服务管理企业，不仅如此，还要将服务业集聚区的研发成果有效地转化为服务。

（3）构建专业人才的培养体系，并辅以服务体系，为智能制造业提供充足的高端人才。

（4）为了促进智能制造服务业的高效发展，国家应该提供一些优惠政策，为智能服务业的发展打下基础。

第二节 "互联网 +"时代需要工匠精神

一、工匠精神与互联网精神

（一）工匠精神与互联网精神的差异性

1. 制造与创造

工匠精神与人工制造之间有着一定的联系，此外人们也习惯性地将互联网精神当作创造新思维及创新精神的标志。我们从工匠精神的生成与发展过程中不难发现，"尚巧"是工匠精神中的重要品质，"能工巧匠"一词便是对工匠精神最好的印证，但是我们要知道它并不意味着缺乏创造性。创造性的产生并不是一蹴而就，它需要经过大量的制造积累，只有这样才能产生创造的质变。随着互联网的快速发展，"maker（制造者）"一词的含义也发生了转变，从最初的"工匠"逐渐演变为"创客""DIY（自己动手制作）者"，maker 一词含义的转变在一定程度上也强调了互联网创意者的创造能力。从某种意义上来讲，制造并不是机械呆板的，其所生产的产品要达到预期的要求和质量，创造的形成则是建立在大量制造的基础上。

2. 人本主义与经济理性

人们将工匠精神看作是人本主义的断代延续，而互联网精神则是现代经济理性在自由市场中的天然选择。从根本上来讲，非利唯艺的纯粹精神是工匠精神的选择，同时互联网精神的产生与发展也与人本主义精神有十分密切的关系。从某种意义上来讲，互联网精神中的"产品思维"是互联网生产的最大驱动力，它强调从用户的角度出发，使产品的功能满足用户的需求。从经济理性的本质上来看，它可以看作是一种迂回的人本主义，并通过追求效用的最大化来满足人们的福祉。而工匠精神人本主义精神的背后，也多多少少涉及一些经济理性的内容。在我国古代时期，工匠精神的发展与延续离不开流通领域，如市场上的优胜劣汰、征税纳贡等，这些都会成为经济理性对人本主义的一种天然保护。

3. 自我驱动与用户主导

工匠精神属于一种信仰型的人格，同时也是一种持久的、基本的人性驱动。也许我们会认为在互联网精神环境下，用户往往占据主导地位，从而抹杀了互联网工匠的自我，但是事实并非如此。传统工匠的自我驱动力表现在多个方面，如宗教信仰、自我修养、天人合一的道德观等，无论是何种形式的工匠自我驱动力作用机制中，用户都是在场的。虽然在互联网精神中一直强调用户，但是工匠的自我依然存在，在一些时候工匠的自我还会占据主导地位，如在互联网创作过程中，工匠往往会陷入沉浸式的创作之中，这样会进入一种自我驱动的境界。

4. 封闭与开放

从古代到现代，学徒制是工匠技艺传承的主要方式，也正是由于这一原因，导致大部分人认为工匠精神是封闭的。开放、共享是互联网与生俱来的特性，这也被人们看作是人本主义在互联网精神中的体现。虽然人们认为工匠精神是封闭的，但实际上它同样具有一定的开放性。如果一个人想要熟练使用互联网，需要掌握一定的计算机技术，在这样的环境下学徒制反而具有了一定的优势，成为一种低门槛以及跨越身份鸿沟的途径。此外，工匠之间的技术交流、有关工匠技术的著作以及工匠行会都呈现出工匠精神的开放性特点。而在互联网开放空间的环境下，它逐渐成为现实空间话语权的角逐场，现实中的权利等级制度势必会进入互联网空间，为此互联网也具有了一定的封闭性。通过以上的分析，我们不难发现，无论是工匠精神，还是互联网精神，二者都具有一定的封闭性和开放性，二者之间并不是相互排斥的。总而言之，虽然互联网精神和工匠精神的表面特征有所不同，但是二者之间却有相似的精神内核，它们中的部分内容可以实现相互转换。此外，在社会主义现代化建设的环境下，无论是互联网精神还是工匠精神都可以为实现同一个目标而服务。

（二）工匠精神与互联网精神的关联性

1. 互联网精神的发展逻辑召唤工匠精神

在互联网时代，人们的消费观念也逐渐提升，企业在开发完互联网红海领域之后势必会转向互联网蓝海领域，并积极开拓利基市场，以此来满足分众和小众的细分需求，并提升用户的品质化体验。在这样的环境下，工匠精神成了互联网精神的必要补充。我们只有将互联网精神中的产品思维与工匠精神中的精益求精融合在一起，才能创造出优秀的互联网产品。互联网思维需要基础性工业产品的支撑，而基础产品的生产无疑需要工匠精神的支撑；互联网精神的自由发展需要社会信用体系的保障，呼吁信用社会的到来，而工匠精神保障下的工业发展、社会生产，则是帮助大众与社会重拾信任的必要条件。

2. 工匠精神的传播与传承需要互联网精神

相比"身在此山中"的互联网精神，工匠精神因其在现代人精神家园中的断代，产生了传播上的困难，更在传播过程中引发受众对工匠精神的当代思考。因此，工匠精神的传播不妨从互联网平台和互联网精神中寻找启发。

哔哩哔哩，亦称之为 B 站，是目前我国最大的网生代娱乐社区之一。《我在故宫修文物》纪录片最初在央视上映，但是并没有获得理想的收视率，然而在 2016 年在 B 站播放后，却一炮走红，其下方的点击量、字幕评论都超乎人们的想象。同时纪录片中的主人公也因此收获了一大批的粉丝，并引发新生代对工匠精神的追捧。另外，通过众筹的方式该纪录片的生命力也得以延续。那些具有互联网精神的原住民并不排斥工匠精神，他们需要的是以工匠精神打造的工匠精神文本，更有小众的、亚文化的新生代，都在网络空间中践行着属于他们的工匠精神。

虽然在互联网开放性、共享性的影响下，经济成本有所下降，但是人们对产品的质量也有了更高的要求，进而激发了大众、小众对产品品质的个性化追求，在这样的社会环境下，也为工匠精神的复苏创造了良好的环境。借助众筹的方式来为传统工匠产品寻求销路的方式已经很常见，在互联网精神环境下诞生了诸多设计师，他们结合互联网时代特点开创了一条属于自己的道路。此外，工匠精神只有探索中才能找到属于自己的道路，进而实现工匠精神的创新、传承与发展。

（三）工匠精神与互联网精神的兼容性

兼容是关联的更高层次，它试图把两者调和在同一进程、统一目标内。如果说互联网精神是横向整合空间资源，发挥出资源的最大创造力，那么在互联网时代发展出了创新内核的工匠精神，就成为纵向整合资源的、超越时间发展的强大力量。一横一纵两个维度相结合，已经诞生了一些成功案例。作为传统制造强国，工匠精神代表的德国将基于网络实体系统及物联网的工业 4.0 战略作为未来的发展战略。完美世界引擎中心在快速迭代、产品研发周期不断缩短的游戏产业中，坚守工匠精神，研发出自有知识产权的 Angelica 3D 等游戏引擎，在全国乃至全球同行业处于领先地位，为网络游戏造好发动机。工匠精神和互联网精神是兼容的、相得益彰的，两者彼此碰撞，更将激发出社会的创新与发展活力。为了保证两者的兼容，我们需要建立起工匠精神在互联网企业的奖励机制。同时，在社会上建立起宽容失败的氛围和一定的创新补偿机制，用社会主义核心价值观重塑荣誉精神，鼓励各行各业发扬工匠精神与互联网精神。

二、"互联网+"时代下工匠精神的新注解

工匠精神是时代发展的呼唤，既是对提升消费品品质、改善产品和服务供给的新要求新标准，也是创新企业管理、提升企业文化的新课题新任务。电信企业作为互联网信息服务的主力军，正全面进入转型新时期，更需要以工匠精神提升企业品质。近年来，中国电信上海分公司积极响应上海城市精神，坚持"以品质精神构建差异化竞争力"的企业发展战略，塑造企业气质，诠释互联网信息服务环境下的工匠精神新内涵。

（一）既要做传承的工匠，更要做迭代的工匠

工匠精神来源于优质产品和服务的代代传承，但是随着环境的快速变化，传承或渐进式改良已满足不了市场变革的需求，因此新时代的工匠要站在供给侧的角度，主动对产品和服务的传统实现和提供模式进行突破。

比如视频信息服务，随着移动互联网技术的发展，信息从标清变为高清，内容从广播变为点播，载体从窄带变为宽带，连名字也插上了移动互联网的翅膀，变成"移动视频"，但传统视频服务 IPTV 的技术和业务模式并不适用移动互联网视频服务，因此，在传承可靠技术的同时，迭代创新更成为发展的主要驱动力。

（二）既要做线下的工匠，更要做线上的工匠

传统工匠的竞争力很大程度上来源于相对封闭不为人知的线下专业技术，但是随着科学技术的高速发展，传统技艺的效用日渐退化，曾经的经验在时间面前价值逐渐递减，甚至归零。因此，新时代的工匠要善于运用开放的信息环境，借助大数据等线上互联网手段，不断扩展强化技艺和手段，提升工作效率和水平。

（三）既要做环节的工匠，更要做流程的工匠

工匠往往是专注的代名词，而专注有时候意味着聚焦在一个点、一个环节上。

在互联网环境下，生产作业方式则呈现出网络型、流程型的特征，即大家都处在一个共生的生态系统中，呈现一荣俱荣、一损俱损的形态。因此，新时代的工匠不仅要做好本环节的工作，更要带动整个流程价值的提升。

三、"互联网+"时代发扬工匠精神的必要性

（一）"互联网+"时代工匠精神具有丰富的思政内涵

1. 匠心引领，强化爱岗敬业的职业精神

爱岗敬业是高校思想政治教育的重要内容之一。新时代的工匠精神对爱岗敬业理念十分地重视，并对其进行了解释：首先匠人应尊重自己的工作岗位，同时坚守自己的工作岗位；其次匠人应将岗位工作看作是自己的事业，并为之而努力。从某种意义上来讲，爱岗敬业是反映新时代工匠精神本质的价值，凡是获得新时代大国工匠荣誉称号的个人或集体势必都是爱岗敬业的典范，他们将自己的一生奉献给了工作岗位，并成就了一番事业。从工匠精神的要求来看，匠人要做到"两个虔诚"：一是对自己的本职工作保持虔诚，二是对自己的职业发展保持虔诚。为此我们不难发现，爱岗敬业中蕴含着重要的思政元素，并且爱岗敬业也是新时代赋予工匠精神的新内涵，爱岗敬业实现了新时代工匠精神匠心的铸就。

2. 匠功渗透，践行精益求精的精神品质

从职业发展的角度来讲，精益求精体现的是人们在职业发展过程中追求完美的思想品质，同时它也是工匠精神的核心思想。从某种程度上我们可以将精益求精看作是思政元素的直观体现，甚至可以说精益求精的品质是工匠精神在工作中始终重视品质追求、最终实现成功的精神力量。匠功就是工匠匠心独运的具体体现，在追求匠功的过程中践行精益求精的思想，能使工匠不断提升自身技术水平，强化自身综合素质。在职业院校人才培养工作中，基于对匠功的培养促进工匠精神的有效渗透，能强化人才精益求精的品质精神，能在精益求精精神思想的指引下促进他们树立正确的职业观念和技能观念，能让学生主动参与到学习实践中，不断地发展自己和完善自己。由此可以看出，工匠精神中的精益求精思想能从新时代工匠精神思政内涵层面得到体现，在基于工匠精神开展思政教育的过程中，对精益求精的品质精神进行挖掘和渗透，能在职业院校的教育教学活动中对学生

产生积极的影响,使他们形成对品质的追求,能在学习中不断地发展自己和锻炼自己,夯实学生良好职业发展的基础。

(二)"互联网+"时代产品需要工匠精神

1.产品品质需要工匠精神

在社会高速发展的环境下,尤其是互联网兴起之后,人们将大部分的精力放在了短期利益的追逐,而忽视了产品的品质,这在某种程度上背离了工匠精神。在追求短期利益思潮的影响下,市场上出现了夸大宣传、虚假宣传的现象。虽然这样的宣传方式短期内可以给企业带来可观的经济效益,但是长此以往会给企业带来毁灭性的打击。无论是在哪个年代,企业都应当将为用户提供有价值的产品与服务作为经营方针,企业只有在满足用户需求的前提下,才能获得长远的发展,反之企业将逐渐被用户所抛弃,这也正是近年来我国出现海外抢购马桶现象的直接原因。当前用户在购买产品时,看中的是产品的价值和服务,所以即便是在互联网时代,企业也要注重产品的质量。企业只有在保障产品质量的前提下,才能充分利用互联网的优势与特点,提升企业产品宣传效果,从而将产品销售至全国,甚至是全世界,为企业创造更多的利润。例如褚时健在培育符合国人口味橙子的过程中所体现的工匠精神,在培育橙子的过程中,他和他的团队不断优化种植工序,严格控制果实的大小,同时在选择肥料时都会亲力亲为,由于年龄原因,他的眼神并是不很好,为了清楚地了解鸡粪的水分,他会将鸡粪倒在手里,用手捏一捏、看一看,正是由于他对每一道种植工序细节的重视,从而培育出了高品质的橙子,然后再借助互联网优势,对其产品进行了深度宣传,最终他所培育的产品畅销全国。

2.产品核心需要工匠精神

在之前有一个专注于服装网络销售的公司——PPG,它的基本经营方式如下:公司设置生产工厂,他们只负责维系客户群体,尽最大可能满足客户的需求,该公司的服装生产环节是外包的形式。在这样的运作模式下,企业在短期内收获了可观的经济效益,但是好景不长,市场上出现了许多类似的销售模式,他们之间为了争夺市场,打起了价格战,久而久之PPG公司的地位便被其他公司所取代。随后在这种模式下的公司还有很多,如凡客诚品,但最终都无法摆脱失败的命运。

从 PPG 公司的经营模式中，我们不难发现该公司的模式正是当前互联网经济中常见的一种企业经营模式，轻资产、平台化是其主要特征，这样的经营模式对初创企业有较大的优势，企业可以利用较少的资金快速进入某个行业，然后建立一个平台，为买卖双方提供便利，并从中赚取差价。随着这种轻资产、平台化的互联网经营模式虽然上手容易，但是它的入行门槛较低，而现阶段一般规模的企业又无法与阿里巴巴这样的大平台抗衡，为此市场上出现了许多这种经营模式的企业，而它们之间又形成了激烈的竞争。

从市场竞争原则角度来看，当一个行业中的供应方过剩时，人们为了抢占市场份额，往往会采用价格战的方式，而当产品的市场价格过低时，势必会给一些企业带来经营风险，甚至面临倒闭，这也是此类型企业生命周期较短的主要原因之一。如果一个轻资产、平台化模式的企业想要在市场上获得长久的生存空间，它势必要有自己的核心，只有具备了核心才能使其在市场竞争中处于优势地位，而企业核心就形成离不开工匠精神，同时还要在工匠精神的基础上深入挖掘，这样才能形成其独有的魅力。

3. 产品创新需要工匠精神

我国经济正处于转型期，即从追求高 GDP 转为追求经济质量，在这样的经济改革环境下，我国将会面临供给失衡的局面，从具体上表现为以下两点：一是我国煤炭、钢铁、水泥等行业出现严重的产能过剩，这主要是由于之前为了推动经济发展，国家投入了 4 万亿元"铁公基"项目；二是企业自身的生产水平无法满足我国市场需求。为此我国政府提出了供给侧结构性改革，如果想从根本上解决这一问题，就需要充分发挥不怕艰辛、不怕困难、坚韧不拔以及精益求精的工匠精神。

自改革开放之后，国外市场上出现了很多"Made in China"的产品，但是这些产品大部分都是零部件由中国加工，而真正的产品核心技术并非来自中国，因此这些产品也不具有创新技术。一般情况下，创新来源于想象，而工匠精神可以帮助人们实现创新。众所周知，德国制造闻名于世界，这主要缘于其产品拥有扎实的基础和技术，在工匠精神的助力下，一个接一个的想象变成了现实。例如，我国民营企业美的集团股份有限公司，它在我国家电市场上占据了一席之地，这缘于其工匠精神，并在工匠精神的作用下不断优化产品技术。通常情况下，空调运行中的分贝值为 37，但是美的却将其再降 5 分贝，让人在享受美的空调带来舒适感的同时丝毫感觉不到空调机器的存在。而美的空调是如何做到这一点的呢？美的公司的研发团队针对空调噪音这一问题，反复推演，并经过无数次的实验，最终做到再降 5 分贝，美的的这种坚韧不拔、精益求精的精神正是工匠精神的体现。

（三）互联网与工匠精神从来就不矛盾

有的人认为在"互联网+"时代、"工业 4.0"时代倡导工匠精神是一种错误，在他们看来互联网强调开放、共享、创造与创新，而工匠精神注重严谨、专注、精致，二者是矛盾的。在这种思想的左右下，在一段时间内工匠精神被人们抛之脑后，这主要是由于他们认为工匠精神已经跟不上互联网时代发展的脚步。但是从实际上来讲，那些认为工匠精神落伍的行为本身就是一种落伍。在上文的分析中，我们不难发现工匠精神指的是匠人对自身产品精琢细雕、精益求精的精神理念，所以我们也可以将工匠精神看作是一种认真及追求完美的精神。

工匠精神与互联网思维二者之间并不是矛盾体，它们之间有高度一致性，也就是借助极致的产品满足用户的需求，并做到专业、专注、用心。工匠精神中追求产品的完美与机智，不仅不与互联网思维冲突，同时也是互联网思维对企业管理提出的新要求。

此外，工匠精神本质中的坚定、执着、专注、精益求精等在一定程度上也反映了一种态度，即热爱工作、热爱生活、热爱事业，同时工匠精神的本质也在一定程度上体现出一种鲜明的使命感和责任心，而这与互联网时代追求的创造与创新精神高度一致，工匠精神中的精益求精、不断改进、追求极致等精神也与互联网的思维模式相吻合。除此之外，工匠精神中的沉着、踏实、专注等精神可以很好地抚平互联网时代人们浮躁、慌乱的内心。

如果说互联网思维表现为开放、创造、创新，"工匠精神"表现为严谨、精致、专注。那么，"互联网+工匠精神"，所带来的结果绝不仅仅是为"互联网+"时代贴上"工匠精神"的标签，而是为"互联网+"时代刻入"精益求精"的灵魂。让"互联网+"时代的工业发展，既能放开手脚大胆创新，又严谨踏实精益求精，既能追求互联网时代的快和速度，又能制造出更多的精品和珍品。"工匠精神"不是一味地恪守传统而裹足不前，是善于用创新的精神去对产品精雕细琢、反复对比，找到最好的结果，体现出最大的价值，创造出最完美的产品品质。互联网和工匠精神的融合，绝不仅仅是简单相加的和，而是会变成相互剧烈反应之后的一种全新的"互联网+"时代的创造精神，集开放、创新、创造精神和坚定、踏实、专注、执着、精益求精的精神于一体。

我们可以毫不夸张地说，这样的精神在任何时代都不落伍，它对推动时代的发展有重要作用。此外，这样的精神才是"互联网+"时代和"工业4.0"时代所应具有的精神，在这样的精神作用下可以打造出更加优秀的产品与服务，也之后在这样的精神下才能够实现《中国制造2025》的远大、宏伟目标。所以工匠精神与互联网并不矛盾，二者之间有紧密的联系，一定程度上来说，工匠精神是时代发展的灵魂。我们只有充分发挥工匠精神的作用，才能使"互联网+"走的更远。

（四）"互联网+"时代特征决定了要发扬工匠精神

1."互联网+"时代需要德艺双馨的工匠精神

随着互联网的快速发展，高新技术层出不穷，如3D打印技术等，在高新技术应用环境下，原本只有工匠才可以生产出来的精密产品，现在可以实现机器大批量生产，那么在互联网环境下，我们到底还需不需要工匠精神呢？答案是肯定的，即使在互联网时代，"用户至上"同样是企业制胜的法宝，同时它也是互联网思维与工匠精神的融合。如果我们将互联网比喻成由一个一个点组成的外体框架，那么我们就可以将工匠精神比喻成千锤百炼的、追求完美的精神内核。两者在本质上都是追求卓越，在互联网时代，匠人需要不断磨炼自己，争取做到德艺双馨，早日达到道技合一的境界。

2."互联网+"时代需要追求卓越、勇于担当的工匠精神

我们应认识到互联网仅仅是一个工具，它需要工匠精神的引领与打磨。从某种意义上来讲，工匠精神犹如一根定海神针，它可以保障互联网时代下行业的健康稳定发展。任何时代的创新都不能只依靠凭空想象，而是要建立在认真、专注的基础上的思想灵感，这是互联网时代赋予工匠精神的新特质。

（五）工匠精神催生了"互联网+"时代的学徒制

1.强化技能培训，全面提升职工素质

互联网时代，进入企业的新人应怀有一个谦卑的心，认真向职场前辈学习，

同时企业也应当加强基层新型人才的培养。现阶段企业中的学徒制度设置的主要目的是为了帮助刚刚进入职场的新人熟悉企业，从而更好地融入企业，进而为企业效力。通过开展老带新的管理方式，还可以帮助新人快速熟悉工作岗位，有助于快速提升员工的职业素质。为此老员工应积极加强对新员工的培训，同时在培训过程中应结合员工的实际情况，如知识水平、实践经验以及性格特点等，为新员工量身打造一套培训计划。

2. 建立起良好的师徒关系

老员工在带新人的过程中不仅要传授他们职业技术知识，同时也要培养他们刻苦钻研的精神，此外也要传授他们诚实待人。作为新员工在学习过程中，应该对老员工怀有一颗感恩、敬佩之心，用心去体会老员工那种精益求精的态度，从而逐渐培养自身的工匠意识。此外在这个过程中，师徒之间也要培养彼此间的默契，并在此基础上建立良好的师徒关系。企业应该用劳模工匠精神为新员工"打底"，促使员工产生工匠精神认同感，促使工匠精神在企业内部蔚然成风，为企业更好地适应"互联网+"时代提供精神保障。

四、"互联网+"时代如何发挥好工匠精神

在互联网高节奏的环境下，想要发挥工匠精神的作用，必须要有完善的激励规则与制度。工匠精神的形成并非一蹴而就的，它需要一个漫长的过程，是一种在长时间发展过程中形成的工匠文化和习惯，如德国、日本的工匠精神通常情况下这个习惯的形成是建立在一套高标准的制度下，通过对违规者进行严厉的惩罚一点点形成。虽然我国也十分推崇工匠精神，但是现阶段取得的成效却并不是很理想，这主要是由于我国还未建立起一套完善的激励惩罚制度，所以如果让一个企业在质量和数量、成本之间进行选择，那么他们会选择后者——数量、成本，在这样的社会环境下，企业势必会将短期发展作为目标，从而忽视了产品的质量，更别提工匠精神了，所以企业在参与国际市场竞争时，会暴露出诸多问题。总之，在互联网时代下，如果想要将工匠精神的作用发挥至极致，势必要效仿德国、日本等西方国家建立一套完善的保障制度，让人们对工匠精神有一个全面的认识，并达到"内化于心、外化于行"的境界，也只有这样才能提升企业员工的工匠精神，使中国制造走向世界，并在世界上占据一席之地。

第三节 "互联网+"时代下工匠精神的培育

工匠精神不是一个内涵凝固的范畴，其本身也不是一个已经被"西方"定义了的范畴，工匠精神是一个历史性的范畴，与一个民族的文化、历史、价值观念都存在直接的关联。东西方文化在"工匠精神"的内涵设定上虽然有一定的相似性，但也存在一定的差异性。就此而言，现代中国工匠精神的重构就不能把西方文化所框定的"工匠精神"标准作为圭臬，中国现代工匠精神的形塑需要在中华民族的文化土壤、价值秩序和历史坐标中搭建"脚手架"，在当今中国的经济社会现实中找寻培育工匠精神的路径。从这个意义上讲，中国现代工匠精神的重塑本质上是对传统工匠精神进行现代性转换，是将中国传统工匠精神融入时代并赋予其新的价值内涵。

一、互联网时代的新机遇

（一）互联网时代的个体突变

1. 个体力量得到崛起与裂变式大爆发

随着移动互联网的发展，人的主体性和自主性得到了明显的提升，为此人成为了世界上最重要的资源之一。在移动互联网时代下，社会网络协作系统愈发完善，个人在社会中已经不再是零碎的、孤立的存在，他们是社会网络协作系统中必不可少的一部分，而且个人的作用是其他人所无法取代的。每个个体都可以使用移动互联网生态系统中的资源，他们只需要做自己最擅长的事情，突出自身的核心竞争力就可以获得较好的社会受益，同时也为个人在社会中的发展创造更多的机遇。

2. 碎片化、圈层化、社群化形态逐渐成为主流和趋势

传统社会具有普适性约束作用的大一统式的伦理样态、社会聚合结构正在被瓦解和割裂成无数的碎片。在移动互联网时代，人们可以根据自身的兴趣爱好、家庭背景、消费观、生活经历、价值观等因素组成小团体或社区，这就是圈层化、类社会化伦理形态，如百度贴吧、粉丝群、微信公众号等。

（二）互联网特性带来行业发展机遇

1."即时反馈"加速产品迭代升级

高效连接是移动互联网的主要特征之一，也正是在移动互联网这一特点的影响下，生产者与消费者之间的关系越来越紧密。当一个新产品或服务出现的时候，在互联网的扁平化、多点式移动传播聚合效应下，消费者可以在最短的时间内体验企业生产的新产品或服务。同时产品体验者也可以借助类社群化的线上组织，如微博、朋友圈、短视频等，将其产品体验感表达出来。这样产品的生产者也可以通过网络上的用户体验评价来了解产品的情况，并为下一步的完善做准备。

2.口碑传播发生爆炸式连锁效应

在移动互联网时代，信息的传播速度加快，同时信息的接收群体也更加广泛，此外还伴有一定的聚集性。当一款好的产品被一部分人认可之后，此部分人群会借助 QQ、微信、自媒体等移动互联网社交平台将其传播出去，这些人便在无形中成为了产品的推销者，在他们的宣传下，产品在互联网上的口碑日渐提升，而这在一定程度上也为产品生产者提供了生产更好的产品和服务的动力。反之，如果一个产品自身的质量和服务较差，那么它在互联网上的口碑也会很差，而移动互联网也会涌现出许多关于此产品的负面宣传，这对产品生产者无疑是致命的打击。

3.互联网基础服务设施日渐完善

现阶段，与移动互联网相关的各种 APP 应用软件在不断的完善，移动 APP 的应用又在无形中拉近了生产者与用户之间的距离。产品营销、包装宣传、文案策划、极为专业和高度垂直的各种代工企业与客户之间的实时对接系统，以及非常方便和快捷的各种第三方支付系统的搭建和完善，也为促进现实社会产品和服务的顺利交易奠定了更加强有力的保障。大数据、云计算等技术的日益普及也能够使生产者更加了解用户的需求与痛点，从而逐步满足用户对个性化、定制化与柔性化产品（以及服务）的需求，而这也正是现代工匠精神的重要特征。

二、工匠精神的"互联网＋"转换

随着中国社会从传统农业社会向现代工业社会的快速转型，很多传统行业（比如手工业等）正在迅速消亡，这一定意义上导致了某些传统的"工匠文化"正在逐渐消失。但是，这并不意味着传统的工匠精神在现代社会中失去了原有的精神文化价值，传统工匠精神是在中华民族传统文化的滋养中生成的，现代工匠精神的培育也必然要在中华民族文化坐标系中建构，这种历史文化传承中的精神重塑决定了传统工匠精神的精神基因在现代中国工匠精神重塑中所具有重要的价值。

中国工匠精神的现代重塑不能脱离中华民族的文化传统和价值理念，也不能抛弃在传统文化土壤和价值秩序中生成的传统工匠精神，而是要实现传统工匠精神的现代化。从农业文明的工匠精神向工业文明的工匠精神的转换，需要对工匠精神进行建构性反思，根据时代特点赋予工匠精神以新的理念与内涵。正是基于这样的认识，现代中国工匠精神的重构需要在传统工匠精神价值规定的基础上实现以下几个维度的现代性转换：

（一）哲学向度的转换

哲学向度从"技近乎道"向科学规律总结的转换。传统工匠技艺以经验性技术为主，这种技术以人们在生产生活中所积累的经验或技能为主，是技术主体经过学习、训练而形成的经验系统（经过反复练习而取得的生产手段或方法）。经验型技艺以技术主体为载体，以技艺熟练作为技术评价的重要指标；而现代工匠技艺是以根据自然科学原理设计形成的各种工艺操作方法、技能或生产设备作业的程序、方法等为主，这种技术是人类自然科学知识在生产过程中的运用，一般以机器设备作为载体，表现为对机器设备的操作技艺，可以通过理论知识形态传播。从根本上讲，传统工匠追求技艺熟练，他们在生产实践中积累经验和技术，并寻求由器及道，从技艺的巅峰而达及天地规律；现代工匠的技术包含着从科学到技术和从技术到科学的双向过程，现代工匠在技术操作中把科学转变为技术的过程中，更加注重对技术规律的总结，在生产过程中寻求技术创新，以完成科学与技术之间的正反馈过程。

（二）行为规则向度的转换

行为规则向度从"依于法而游于艺"向追求技术创新的转换。传统工匠在技术准则上遵循"由圣人而是崇""依于法而游于艺"，即在劳动生产过程中遵循圣人教诲、尊道、重道，并在旧制的基础上有所创新，最终以实现"道而复淳"。但是，现代工匠在劳动生产过程中对经验性技术的依赖逐渐减少，现代技术更多是依据科学理论而创造的机器设备操作技艺或方法，这不仅要求工匠以严谨的态度和规范的操作完成技术工序，还要求工匠在技术积累的基础上对技艺进行改良式创新，以推动新技术的产生。从这个角度而言，工匠精神从传统到现代的转型需要实现在技术规则从"尊道"向"创新"的转换。

（三）技术宗旨向度的转换

技术宗旨向度从"成器而尽善"向精益求精的转换。先秦《诗经》云："如切如磋，如琢如磨。"宋代理学家朱熹对此句的注解是："言治骨角者，既切之而复磋之；治玉石者，既琢之而复磨之，治之已精，而益求其精也。"[①] 由此可见，这种对产品精雕细琢、精益求精的精神理念在先秦时期已经成为工匠"制器"的准则，但这种"治之已精"的精神在农业文明向现代工业文明转化的进程中却被丢失了，以致我们需要在建成工业化以后来重建精益求精的工匠精神。农业文明向工业文明转型中发生的工匠精神断裂在现代社会中的重建，一方面需要回归原初的本土精神框架，同时又要实现现代性转换。从"成器而尽善"向精益求精的转换是工匠精神从传统向现代转换的核心，"精益求精"在现代工匠精神体系的建设中已经不再是单纯针对制造业领域提出的，而是拓展为对全社会的整体精神要求。换言之，从"成器而尽善"向精益求精的转换，是从单一行业价值秩序向全行业精神理念的翻转。

（四）道德向度的继承

道德向度继承"德艺兼修"的价值取向，并对德艺标准进行现代转换。"以德为先"是中华民族传统文化的重要特征，而"德艺兼修"则是中国传统工匠的理想标准，是传统工匠需要遵循的职业道德规范。随着以血缘关系为纽带的传统伦理道德的解体，"德"的价值秩序在今天的中华大地上发生了一定的变化，虽然现代工匠仍旧需要把"德艺兼修"作为价值评判标尺，但是"德"的时间坐标已经转移到现代中国的价值坐标系中，"德"已经不再是传统的儒家伦理道德，而是转变为中国特色社会主义道德体系。"德艺兼修、以德为先"是中国文化所孕育的工匠精神的重要价值取向，现代工匠的"道德"评判标尺具体可以分为两个层次：一是社会公德，二是职业道德。

但是，对工匠而言，德行还需要高超的技术作为基础和陪衬，与传统工匠相

---

① （宋）朱熹.四书集注 [M].长沙：岳麓书社，1987.

比，现代工匠的技术标准不再是以技术的熟练作为衡量技艺的圭臬，以科学知识型技术为主的现代工匠技艺的价值评判标准更加注重工匠的技术创新价值。概言之，传统工匠精神向现代工匠精神的转型在道德向度的转变包含德、艺评判标准的双重现代转换，以现代道德评判标尺和现代技术圭臬替换传统德艺标准是现代工匠精神重构的重要维度。

三、"互联网+"时代培育与弘扬工匠精神的途径

（一）以"新工匠精神"取代"打工思维"

1. 以"新工匠精神"激励员工

培育、弘扬工匠精神需要多方共同努力，这其中离不开政府、社会和个人。此外，在上文的分析中我们提到德国、日本的工匠精神已经初具成效，所以我国在培育工匠精神时也可以借助国外的成功经验，并在此基础上结合我国的实际情况，创造一条独具中国特色的工匠精神培育之路。现阶段，企业需要面临互联网带来的社会心态浮躁、急功近利等问题，"打工仔"的思想已经深深植入部分员工的内心，他们只顾谋取眼前的利益，对工作敷衍了事，这种情形与工匠精神背道而驰，为此企业应当以"新工匠精神"来鼓励员工，并在企业文化的熏陶下，让员工逐渐感受其自身存在的价值，进而找到实现自我的途径。

2. 让新工匠制度与思维习惯落地生根

"重工尚器"应成为全社会范围内崇尚的文化氛围，培养国家需要的"草根"人才，这是企业党务工作者的重要使命。企业要加强社会主义核心价值观教育，培养员工自觉养成敬业、诚信意识，营造精益求精的企业文化，以精益求精为荣，以粗制滥造为耻；建立工匠精神激励机制，大力宣传先进典型，及时表彰和奖励贡献突出者，让成就突出者享有优厚待遇，受到应有的尊重。这种新工匠制度，不仅有助于将工匠精神融入员工的思维习惯中，还能激发员工的主人翁意识，以"新工匠精神"取代"打工思维"。

（二）在施工生产活动中培育工匠精神

1. 培养工匠型人才

从某种意义上来讲，企业技术工人中的优秀人才便是工匠。企业在生产经营

活动中应积极发挥这部分技术人才的作用，完善企业"传、帮、带"的激励机制，让他们愿意将自身的技术传授给新人，同时还要在这个基础上将先进的技术经验发扬光大，并在精益求精的过程中实现创新，从而为企业打造一批高品质的项目。除此之外，企业还要不断完善"传、帮、带"的育人模式与途径，为企业打造一支工匠型人才队伍，将传统技艺传授与现代技术人才培养融合在一起，不断推动企业的转型升级，提升其核心竞争力。

2. 弘扬劳模精神和工匠精神

想要培养员工的工匠精神，还应当为工匠精神的培养创造良好的社会氛围。只有当人们对工匠有一个正确的了解、认知之后，工匠才会获得相应的社会地位，人们也才会发自内心的尊重、认同工匠，也只有在这样的社会环境下，身怀"绝活"的工匠才会横空出世。从某种程度上来讲，通过宣传劳模精神的方式可以为培育工匠精神营造良好的社会氛围，同时企业也可以大力弘扬工匠精神，同样可以达到预期的效果。

3. 建立工匠精神激励机制

建立工匠精神激励机制，依靠制度为一线工人大胆探索、勇于创新与创造工匠人才成长提供良好的保障环境，提高企业的自主创新实力与产品竞争力。同时，企业要在严格把关生产质量、加强企业生产管理方面下功夫，降低次品率，树立良好的社会形象。这些举措对培育和弘扬工匠精神都有着重要作用。

4. 培养班组的工匠精神

班组是企业内部的基层组织形式之一，作为企业中与员工联系最直接的班组织应充分考虑员工的利益，并帮助他们实现个人的社会价值和人生价值，这也是支撑企业实现转型升级的重要举措。班组织负责人应将培养员工的敬业、诚信的价值观作为工作的主要内容之一，并将工匠精神融入企业文化之中，奉为产业灵魂，在精益求精、注重品质提升的生产劳动过程中培养有技术、爱创新的新时代班组工匠群体，为实现中华民族的伟大复兴提供人才支撑。

（三）以企业文化培育工匠精神

1. 发掘工匠及工匠精神的闪光点

培育以工匠精神为核心的企业文化，需要建立在社会主义核心价值观的基础上，并以此引领工匠精神。从具体上来讲，企业在坚持社会主义核心价值观的基础上，充分挖掘工匠精神的发光点，并将其融入到企业文化之中。要举旗定向、谋篇布局，从融入企业文化的主旋律入手，提出企业文化发展思路，致力于打造品牌企业工匠文化。除此之外，企业还应当注重社会宣传，从根本上消除社会中人们对工匠的偏见，提升员工的自信心，从而为工匠精神的培育创造良好的外部环境，进而发挥企业文化在大国工匠精神培养中的积极作用。

2. 以工匠精神引领技能先锋

现阶段，企业在人才培养过程中不仅要培养一批具有现代化生产技术的工匠型人才，同时企业还要以工匠精神来引领这些工匠型人才。另外，我国社会主义核心价值观也要求企业以工匠精神来引领技能先锋。社会主义核心价值观中所倡导的诚信、友善、法治、公正、敬业等精神，都在无形中体现了社会价值与自我价值的统一。这些与工匠精神中的认真负责、兢兢业业不谋而合。企业要教育员工立足本职、爱岗敬业，培养一批企业技能先锋，打造各个生产环节的负责团队，还要让社会主义核心价值观的根脉深植于企业文化中，充分发挥中国特色社会主义核心价值观的引领作用，培育员工的职业道德精神。这样才能让企业从业者充分发扬工匠精神，展示自己的工作成果，帮助员工实现个人价值与社会价值的统一，从而实现企业的最终效益。

3. 以工匠精神打造企业软实力

目前我国正处于社会转型期，市场经济中重利的价值观对人们产生了很大的影响，也正是在这些价值观的影响下，一些人的价值观偏离了时代主旋律，这也和我国社会主义核心价值观背道而驰。从某种程度上来讲，工匠精神可以引领社会风气，同时也可以引导企业进入一个良性发展之中，这主要是由于工匠精神中蕴含着中华民族优秀的民族品质，而中华民族优秀的民族品质对提升企业文化软实力有积极作用。所以企业应积极弘扬我国民族传统，让社会更多的人了解并认识工匠精神。努力发挥企业文化在培育弘扬核心价值观上的示范作用。这不仅可以推动企业自身的经营发展，扩大企业的社会影响力，还能促进社会优良风气的形成，使企业成为引领社会价值观追求的核心文化潮流的先锋。

（四）构建培育工匠精神的有力保障体系

1. 提升传统工匠技艺知识产权保护制度

工匠是发扬工匠精神的主体，如果工匠的个人权益无法得到切实的保障，那么也没工匠愿意践行工匠精神，工匠精神也将消失在历史长河之中。从某种意义上来讲，工匠精神培育的前提是尊重、珍惜工匠创作的作品，从而激发工匠创作的积极性，只有充分保障工匠的劳动成果，才会避免"工匠费时费力，侵权者获利"现象的发生。此外，也只有充分保障工匠的劳动成果，也才能最大程度上杜绝市场中的假冒伪劣产品，为工匠精神的培育创造良好的市场环境。如果那些生产假冒伪劣产品的厂商不仅受不到严厉的惩罚，还从中获取了巨大的利益，那么那些奋斗在一线的工匠的合法权益势必会受到侵害，同时也会严重打击他们的创作积极性，为此政府应结合我国的实际情况，构建并完善社会诚信体系，加大知识产权的保护力度。

首先，提升传统工匠技艺的知识产权保护意识。虽然目前我国已经颁发了许多关于知识产权的法律法规，但是人们的知识产权保护意识依然不足。所以在当前信息网络发达的时代，我们应从多途径提升人们知识产权的保护意识，如借助网络新媒体，加大宣传力度，众所周知，网络新媒体覆盖范围广，信息传播及时，为此可以快速提升人们的知识产权保护意识。此外，我们也可以通过农村广播，让农民在足不出户的情况下了解知识产权的法律法规。除此之外，我国政府部门也应通过多平台的方式，加大知识产权的宣传力度。

其次，对现有传统工匠技艺知识产权相关制度进行完善。从某种意义上来讲，完善知识产权制度可以有效保障工匠的劳动成果，这也是对劳动智慧结晶的保护。另外，我国也可以借鉴国外的成功经验，结合我国的实际情况，弄清楚自身的短板，并结合国外先进经验来完善我国的工匠技艺知识产权保护的法律体系。我国政府相关部门也应加大对市场上假冒伪劣产品的打击力度，逐渐减少知识侵权行为的发生。从处罚力度上来讲，政府应加大对假冒伪劣产品的处罚力度，提升厂商制假、售假的成本，使他们无利可图，从根本上消灭假冒伪劣产品。尊重劳动者的劳动成果还有助于激发劳动者的劳动热情，提高他们的自主创新能力。最后，采取鼓励与责任相结合的方式，提高工匠们的职业荣誉感和责任心。工匠们对待自身生产的产品应采取终身负责制，在当代，可以借鉴历史上"物勒其名"的办法，利用现代科技，如社会大众较为熟知的二维码，对工匠们的每一件作品进行实名认证，这不仅可以保障自身的知识产权，又能促使他们对自身的产品终身负责。

2. 完善濒临失传的传统技艺抢救制度

我国是一个历史悠久的国家，传统技艺中蕴含着丰富的文化内涵，但是随着时代的发展，我国传统技艺的生存空间逐渐变窄，越来越多的传统技艺失传。正如我们所熟知的"中华老字号"，它本身承载了厚重的中华文化，同时其本身也蕴含着丰富的工匠精神。在 1991 年的原国内贸易部认定中，有 1600 余家老牌企业被认定为"中华老字号"。在 2006 年商务部重新认定时，只有 430 个品牌被认定为"中华老字号"（商改发 [206]607 号文）。伴随着社会的发展和科学技术的进步，一些掌握传统技艺工匠的生存空间被压缩，甚至被人遗忘。一些老字号也逐渐衰落，甚至一些老字号在历史的进程中销声匿迹。随着物质经济的快速发展，机械生产已经代替了手工生产，在机械化生产环境下，传统手工技艺的生产效率较低，这在无形中压缩了他们的生存空间，久而久之这些传统艺人淡出了人们的视野。当然任何事情都有两面性，现代科学技术在给传统技艺带来毁灭性打击的同时，也为其创新发展提供了新的机遇。

首先，我们要对民间的传统手工技艺进行全面调查，了解现阶段民间健存的传统技艺，只有这样才能更好地对其进行保护。从具体上来讲，对民间传统技艺的调查，应从广度和深度两个方面出发：第一，从广度上来讲，再对民间传统技艺进行调查时应覆盖我国所有的农村。第二，从深度上来讲，我们应对调查统计的传统技艺进行细分，并在有关专家的指导下，收集相关的资料、工具设备，在必要的情况下也要对其进行技艺分析，同时进行影视录制，完成传统手工技艺的分类、归纳。还可以为杰出的大师名匠撰写人物志或拍摄纪录片，发扬光大传统民间技艺和工匠精神。

其次，重点设立扶持政策，对民间艺人给予必要的政策和资金支持。现在国家和地方政府对非物质文化遗产项目的补贴、传承人补贴标准过低，导致年轻人不愿意静下心来学习传统技艺。因此，地方政府可以建立长效机制，对传统技艺加大财政投入，抢救性保护挖掘那些濒临失传的传统技艺。比如设立传统技艺传承保护专项资金，主要用于鼓励和组织具备传承技艺的匠人们进行挖掘、整理、研究和创作，然后对传统技艺资源进行普查、保护，以便扶持人才培养和技艺传承人。2004 年扬州市政府设立了传统工艺美术行业"师带徒"的专项津贴，鼓励大师们向青年一代传授技艺。针对当地的雕漆和木雕，成立了大师工作室，用于挖掘人才、传承技艺。最后，地方教育主管部门可以在国家课程标准的基础上，根据当地的文化特色，开办具有地方特色的地方课程。地方教育部门可以将当地的民间传统技艺编入教材中，让这些传统技艺与学校教育结合起来，开展传统技艺进课堂的活动，比如腰鼓进入体育课、剪纸进入手工艺课，这样能够激发学生对传统技艺的兴趣和爱好。

3. 加强优秀技艺表彰奖励制度

习近平总书记在多次讲话中提及人才的重要性，只有当社会上爱才敬才，人才发展有良好的环境时，人才才能够充分发挥其作用。"管理理论中，激励即为了实现组织目标而去影响人们的内在需要或动机，以达到强化、引导或改变人们行为的复杂过程。"[①]新时期，工匠精神的培养首先要解决他们的个人收入问题，只有让他们的收入达到应有的标准才能推动他们践行、弘扬工匠精神。弘扬工匠精神并不是让工匠淡泊名利，放弃自己的物质利益。恰恰相反，弘扬工匠精神就是为了让工匠更好地投入工作之中，而企业结合其实际情况给予相应的物质奖励。《中共中央关于制定国民经济和社会发展第十三个五年规划的建议》中提出："要努力提高技术工人的待遇，完善其职称评定制度，推广不同专业的技术职称、技能等级等同大城市落户挂钩的做法。"[②]所以我们应加强工匠精神的宣传力度，让社会上更多的人了解工匠精神，同时加快工匠精神激励机制的建设进程，让社会上更多的工匠积极主动践行工匠精神，从具体上来讲可以从以下几个方面入手。

（1）执行公平合理的收入分配制度

马克思说指出"人们奋斗所争取的一切，都同他们的利益有关。"[③]我国是按劳分配的分配制度，但是收入结构仍然有不合理的地方，这就需要国家通过社会保障体系和收入分配来为工匠提供合理的物质保障。长期以来，我国的工匠生活在社会的底层，他们的经济收入来源有限，而且经济收入水平较低，从而导致一些真正为国家、社会做出贡献的人没有得到相应的回报，从而导致他们的子孙后代不愿意继续从事技能型岗位。这种较低的薪酬水平制度与社会主义核心价值观中所提倡的公平相背离。提高技能型人才的工资和福利待遇，使其在经济上得到保障，是我们培育工匠精神的基础。

---

① 黎明. 公共管理学 [M]. 北京: 高等教育出版社, 2009: 151.
② 中共中央关于制定国民经济和社会发展第十三个五年规划的建议 [N]. 人民日报, 2015-11-04.
③ 马克思恩格斯全集（第 1 卷）[M]. 北京: 人民出版社, 1995: 187.

（2）丰富评价指标及完善奖惩制度

一般情况下，奖惩制度主要包括奖励制度和惩罚制度两部分。首先，奖励制度。它是企业对员工各项指标的正向评价，并结合员工的工作完成情况给予一定的物质、精神奖励，从而最大程度上调动员工工作的积极性；其次，惩罚制度。它是企业对员工各项指标的负面评价，其建立的主要目的是为了让员工了解自身的不足，并对此做出改正。在社会各行各业应善于运用奖惩制度。比如，社会公众最为关注社会地位，那么各个行业可以通过晋升激励机制来激励人们更好地践行工匠精神，通过所在单位的职位晋升，这不仅是对劳动者价值的肯定，更能提高其社会地位，从而能获得更多的收入。得到晋升的劳动者为了进一步得到社会认可，会更加努力的践行工匠精神，这也是一种变相激励，其他劳动者在这种氛围下，也会把工匠精神外化于行，从而形成一个良性循环。

（3）建立技艺表彰奖励制度

工匠精神并不是某个行业特有的，它适用于各个行业。当前，社会上大力倡导工匠精神，这无形中表明它具有十分重要的作用。工匠精神始终存在于人民的心中，我国自古以来便是一个不缺乏工匠精神的国度，而那些随着时间流逝，被淹没在历史岁月中的传统技艺便是工匠精神的活化石。从某种意义上来讲，每个人都有权利、有资格践行工匠精神，而那些民间艺术大家则是真正意义上的"大国工匠"。众所周知，传统技艺是我们祖先经过不断的实践探索，最终流传下来的智慧结晶，相对于工匠精神而言，传统技艺的传承与发展的难度更大，为此政府应当建立相应的传统技艺表彰制度，以此为传统技艺的传承保驾护航，例如可以借鉴建筑界的"鲁班奖"的形式，对那些大国工匠设置奖励制度，并给予他们相应的荣誉称号。在现代化生产环境下，一些传统生产技艺已经失传，还有一部分掌握传统生产技艺的老艺人却生活在社会的底层，为此政府应加强对这一群体的关注，积极提升他们的收入及职业威望。

参考文献

[1] 李海萍. 高职学生工匠精神培育问题及策略研究 [J]. 劳动哲学研究,2021(02):
177-184.

[2] 冯宝晶. 高职院校加强工匠精神培育的必要性与主要路径 [J]. 教育与职业,
2021（14）: 108-111.

[3] 宋良玉. 新时代工匠精神视域下职业教育"三教"改革路径探析 [J]. 中国职
业技术教育, 2020（23）: 94-96.

[4] 赵晨, 付悦, 高中华. 高质量发展背景下工匠精神的内涵、测量及培育路径
研究 [J]. 中国软科学, 2020（07）: 169-177.

[5] 徐彦秋. 工匠精神的中国基因与创新 [J]. 南京社会科学, 2020（07）: 150-
156.

[6] 刘自团, 李齐, 尤伟. "工匠精神"的要素谱系、生成逻辑与培育路径 [J]. 东
南学术, 2020（04）: 80-87.

[7] 高中华, 赵晨, 付悦. 工匠精神的概念、边界及研究展望 [J]. 经济管理,
2020, 42（06）: 192-208.

[8] 刘锦峰. 高职学生工匠精神培育的价值意蕴、现实困境与实现路径——以跨
境电商专业为例 [J]. 当代教育论坛, 2020（04）: 60-68.

[9] 叶龙, 刘园园, 郭名. 传承的意义: 企业师徒关系对徒弟工匠精神的影响研
究 [J]. 外国经济与管理, 2020, 42（07）: 95-107.

[10] 张文, 谭璐. 新时代职业教育工匠精神的新内涵、价值及培育对策 [J]. 教育
与职业, 2020（07）: 73-80.

[11] 张云河, 王靖. 基于新时代工匠精神的工匠人才培养进路 [J]. 中国职业技术
教育, 2020（07）: 89-92+96.

[12] 马永伟. 工匠精神与中国制造业高质量发展 [J]. 东南学术, 2019（06）:

147-154.

[13] 石芬芳，刘晶璟．现代工匠精神内涵及高职院校工匠型人才培养的路径选择
[J]．中国职业技术教育，2019（28）：59-63.

[14] 张文财．基于工匠精神视域下高职院校技能型人才培养 [D]．抚州：东华理
工大学，2018.

[15] 郭会斌，郑展，单秋朵等．工匠精神的资本化机制：一个基于八家"百年老店"
的多层次构型解释 [J]．南开管理评论，2018，21（02）：95-106.

[16] 王金芙．"工匠精神"的当代价值与培育研究 [D]．哈尔滨：黑龙江大学，
2018.

[17] 李伟．制造强国建设背景下的工匠精神研究 [D]．新乡：河南师范大学，
2017.

[18] 庄西真．多维视角下的工匠精神：内涵剖析与解读 [J]．中国高教研究，2017
（05）：92-97.

[19] 曾颢，赵曙明．工匠精神的企业行为与省际实践 [J]．改革，2017（04）：
125-136.

[20] 蔡秀玲，余熙．德日工匠精神形成的制度基础及其启示 [J]．亚太经济，2016
（05）：99-105.

[21] 朱庆磊．弘扬工匠精神，为中国制造培养大国工匠 [N]．淮南日报，2022-03-
22（001）.

[22] 彭英慧，刘泉汝，惠阵江．新时代工匠精神融入工科类课程教学路径探索——
以"水利工程项目管理"课程为例 [J]．教育教学论坛，2021（52）：96-100.

[23] 韩雪洁．工匠精神薪火相传 [N]．吉林日报，2021-12-03（004）.

[24] 本报评论员．大力弘扬工匠精神，培养更多高技能人才和大国工匠 [N]．人
民日报，2021-10-11（001）.

[25] 郝赫．工匠精神：匠心筑梦 匠艺强国 [N]．工人日报，2021-09-28（001）.

[26] 段向云．高职院校学生工匠精神培育路径的调查研究 [J]．高等职业教育探索，
2021，20（04）：68-73.

[27] 陈昊武．在新时代大力弘扬工匠精神 [N]．人民日报，2020-04-20（009）.

[28] 于文婧．我国中职教育"工匠精神"培养路径研究 [D]．哈尔滨：哈尔滨师

范大学，2018.

[29] 刘维涛. 让工匠精神涵养时代气质 [N]. 人民日报，2016-06-21（020）.

[30] 曹顺妮. 工匠精神 [M]. 北京：机械工业出版社，2017.